国家出版基金项目
NATIONAL PUBLICATION FOUNDATION

国之重器出版工程
网络强国建设

学术中国·院士系列
未来网络创新技术研究系列

云计算大数据处理

Cloud Computing and Big Data Processing

刘鹏 于全 杨震宇 陈伟 王磊 张乃甜 编著

人民邮电出版社
北京

图书在版编目（CIP）数据

云计算大数据处理 / 刘鹏等编著. -- 北京 : 人民邮电出版社, 2018.8(2023.1重印)
（学术中国. 院士系列. 未来网络创新技术研究系列）
国之重器出版工程
ISBN 978-7-115-48765-0

Ⅰ. ①云… Ⅱ. ①刘… Ⅲ. ①云计算－数据处理 Ⅳ. ①TP393.027②TP274

中国版本图书馆CIP数据核字(2018)第137107号

内 容 提 要

本书介绍了基于云计算的大数据处理技术，重点介绍了一款高效的、实时分析处理海量数据的强有力工具——数据立方。数据立方是针对大数据处理的分布式数据库，能够可靠地对大数据进行实时处理，具有即时响应多用户并发请求的能力。

本书通过对当前主流的大数据处理系统进行深入剖析，阐述了数据立方产生的背景，介绍了数据立方的整体架构以及安装和详细开发流程，并给出了4个完整的数据立方综合应用实例。所有实例都经过验证并附有详细的步骤说明，无论是对于云计算的初学者还是想进一步深入学习大数据处理技术的研究和开发人员都有很好的参考价值。读者也可从本书配套网站中国云计算和中国大数据获取更多资料或求解疑难问题。

◆ 编　　著　刘　鹏　于　全　杨震宇　陈　伟　王　磊　张乃甜
　责任编辑　代晓丽
　责任印制　杨林杰
◆ 人民邮电出版社出版发行　　北京市丰台区成寿寺路11号
　邮编　100164　　电子邮件　315@ptpress.com.cn
　网址　http://www.ptpress.com.cn
　固安县铭成印刷有限公司印刷
◆ 开本：710×1000　1/16
　印张：16.75　　　　　　2018年8月第1版
　字数：310千字　　　　　2023年1月河北第5次印刷

定价：118.00元

读者服务热线：(010)81055493　印装质量热线：(010)81055316
反盗版热线：(010)81055315

《国之重器出版工程》
编辑委员会

专家委员会委员（按姓氏笔画排列）：

于　全　中国工程院院士

王　越　中国科学院院士、中国工程院院士

王小谟　中国工程院院士

王少萍　“长江学者奖励计划”特聘教授

王建民　清华大学软件学院院长

王哲荣　中国工程院院士

尤肖虎　“长江学者奖励计划”特聘教授

邓玉林　国际宇航科学院院士

邓宗全　中国工程院院士

甘晓华　中国工程院院士

叶培建　人民科学家、中国科学院院士

朱英富　中国工程院院士

朵英贤　中国工程院院士

邬贺铨　中国工程院院士

刘大响　中国工程院院士

刘辛军　“长江学者奖励计划”特聘教授

刘怡昕　中国工程院院士

刘韵洁　中国工程院院士

孙逢春　中国工程院院士

苏东林　中国工程院院士

苏彦庆　“长江学者奖励计划”特聘教授

苏哲子　中国工程院院士

李寿平　国际宇航科学院院士

李伯虎　中国工程院院士

李应红　中国科学院院士

李春明　中国兵器工业集团首席专家

李莹辉　国际宇航科学院院士

李得天　国际宇航科学院院士

李新亚　国家制造强国建设战略咨询委员会委员、中国机械工业联合会副会长

杨绍卿　中国工程院院士

杨德森　中国工程院院士

吴伟仁　中国工程院院士

宋爱国　国家杰出青年科学基金获得者

张　彦　电气电子工程师学会会士、英国工程技术学会会士

张宏科　北京交通大学下一代互联网互联设备国家工程实验室主任

陆　军　中国工程院院士

陆建勋　中国工程院院士

陆燕荪　国家制造强国建设战略咨询委员会委员、原机械工业部副部长

陈　谋　国家杰出青年科学基金获得者

陈一坚　中国工程院院士

陈懋章　中国工程院院士

金东寒　中国工程院院士

周立伟　中国工程院院士

郑纬民 中国工程院院士

郑建华 中国科学院院士

屈贤明 国家制造强国建设战略咨询委员会委员、工业和信息化部智能制造专家咨询委员会副主任

项昌乐 中国工程院院士

赵沁平 中国工程院院士

郝　跃 中国科学院院士

柳百成 中国工程院院士

段海滨 “长江学者奖励计划”特聘教授

侯增广 国家杰出青年科学基金获得者

闻雪友 中国工程院院士

姜会林 中国工程院院士

徐德民 中国工程院院士

唐长红 中国工程院院士

黄　维 中国科学院院士

黄卫东 “长江学者奖励计划”特聘教授

黄先祥 中国工程院院士

康　锐 “长江学者奖励计划”特聘教授

董景辰 工业和信息化部智能制造专家咨询委员会委员

焦宗夏 “长江学者奖励计划”特聘教授

谭春林 航天系统开发总师

前　言

在互联网带来的大数据问题压力下，我们需要全新的思想，通过“积木化”的改变，重新定义计算资源的使用方式、服务的提供方式以及社会化大生产的协作过程。云计算带来了这种思想的落实机制，这种机制使我们可以组织资源以服务，组织技术以实现，组织流程以应变。而且，云计算扩大了我们对服务的定义，并带来了一种全新的计算资源管理思路，一种信息技术的系统工程理念和一次信息社会的工业化革命。

虽然云计算起步于企业界，但在发展过程中需要解决具有挑战性的技术问题。本着这种思想，我们与华为、中兴通讯、360 安全卫士、华胜天成、天威视讯和世纪鼎利等知名企业建立了紧密的联合研究关系，研究内容紧跟市场需求和技术发展，研究成果能够迅速地转化为生产力。在这本书里，我们将和大家分享其中一些研究成果。近年来，大数据技术发展的主要推动力来自并行计算硬件和软件技术的发展，以及近年来行业大数据处理需求的迅猛增长，这引起了全世界的广泛关注，掀起了一轮全球性的发展浪潮。

感谢云创存储的研究团队为本书的撰写工作所作的贡献，特别是张晓燕、张国庆、贾文周、夏宇朗、李鹏芳、赵洪涛、钱力、刘晶晶、葛馨彤等。

欢迎大家关注我的微信公众号：刘鹏看未来（lpoutlook）。

解放军理工大学　刘鹏

目 录

第 1 章

大数据挑战

由于数据规模的急剧膨胀，各行业累积的数据量越来越巨大，数据类型也越来越多、越来越复杂，已经超越了传统数据管理系统、处理模式的能力范围，于是，“大数据”概念就应运而生。

1.1 当前面临的大数据挑战

最早提出“大数据时代已经到来”的机构是全球知名咨询公司麦肯锡[1]公司。麦肯锡在研究报告中指出，数据已经渗透到每一个行业和业务职能领域，逐渐成为重要的生产因素，而人们对于海量数据的运用将预示着新一波生产率增长和消费者盈余浪潮的到来。

1.1.1 大数据急剧膨胀

在麦肯锡的报告发布后，大数据迅速成为计算机行业争相传诵的热门概念，也引起了其他行业的高度关注。随着互联网技术的不断发展，“数据本身是资产”这一观点在业界已经达成共识。事实上，全球互联网巨头都已意识到大数据时代数据的重要意义，包括 EMC、惠普、IBM 和微软在内的全球 IT 巨头，纷纷通过收购大数据相关厂商来实现技术整合，可见其对大数据的重视。

IBM 公司称，全球每天生成的数据量达 2.5 EB，而且其增长速度在不断加快。大家或许对 EB 这一单位不太熟悉，如果换算成家庭使用的普通蓝光光盘，2.5 EB 相当于 10 亿张容量为 25 GB 的蓝光光盘。而且令人吃惊的是，人类迄今为止生成的数据中，有 90%是在近两年内产生的。除了电子邮件、社交网络中输入的数据、用手机随手拍摄的图片以及向娱乐媒体投稿的视频外，还有各种传感器收集的数据以及网上购物的日志数据等。现在，每秒就会产生 1 万条微博等信息，这些数据被称为非结构化数据，在生成的数据中约占 80%。非结构化数据今后还将会爆发式增加，在今后 5 年内将增加 800%。

另外，根据国际数据公司（IDC）的监测统计，预计到 2020 年全球将总共拥有 35 ZB 的数据量，增长近 20 倍。

IDC 研究表明，数字领域存在着 1.8 万亿 GB 的数据。企业数据正在以每年 55% 的增长率逐年增长。如今，只需两天就能创造出自文明诞生以来到 2003 年所产生的数据总量。现代企业正在经历规模化、多样化、高速化的数据挑战，大数据已成为重要的时代特征。IBM 全球副总裁兼大中华区软件集团总经理胡世忠表示，“大数据正带来一场信息社会的变革 [2]。”大量的结构化及非结构化数据以及流数据的广泛应用，致使企业需要重新思考已有的 IT 模式；与此同时，大数据又将推动企业进行又一次基于信息革命的业务转型，使企业能够借助大数据带来的大洞察，获取更多的商业价值和发展机会，在激烈的市场竞争中脱颖而出。这便是大数据时代的来临。这样的数据量是巨大的，是 IT 刚开始时所无法想象的，不过企业必须找到最好的、有竞争力的方式来解决这些数据。《麻省理工学院斯隆管理评论》和 IBM 商业价值研究院联合举行的 2011 年新智能企业全球高管调查和研究项目指出，2011 年，58% 的企业已经将分析技术用于在市场或行业内创造竞争优势，实现业务价值，这一数据比 2010 年增加了 21%。毫无疑问，大数据时代的机遇和挑战同时摆在了企业面前。

国家工业和信息化部软件服务业司司长陈伟为大数据概括出 4 个方面特征：第一是体量大，大数据是一个数据全集的概念；第二是类型多，包括结构化数据、半结构化数据、非结构化数据等多种类型，其中视频数据在目前占到了 90% 以上的总额；第三要求速度快，需要以秒级为目标进行实时动态处理；第四是价值密度，由于大量有用和可能没用的数据并存，所以大数据的目的是从庞大的数据集合中寻找有价值的数据和知识。“以交互数据为例，目前一些自媒体平台，比如新浪微博，每天都有超过 2 500 万条的微博信息在发布，里面有很多有价值的信息尚未得到发掘”，中国电子信息产业发展研究院副总工程师李峻认为，“在这样庞大的非结构化数据背后，如何利用大数据技术，从海量堆积的交互数据当中发现带有趋势性、前瞻性的信息，就能够发现并产生巨大的社会价值和商业价值。”

1.1.2 大数据智能分析

随着互联网科技日益成熟，各种类型的数据增长将会超越历史上任何一个时期，用户想要从这庞大的数据库中提取对自己有用的信息，就离不开大数据分析技术和工具。越来越多企业开始使用 Hadoop 平台处理大量数据。2014 年 Hadoop 峰会上发布的数据显示，2009 年 Hadoop 服务提供商总共只有 9 家，而 2014 年已经超过了 120 家。

仅靠 Hadoop 服务无法解决企业的大数据问题，很多传统的数据库管理系统开始整合 Hadoop 服务，以便更好地为企业服务。例如，惠普、戴尔、甲骨文、IBM 等知名公司分别都有针对自家需求的 Hadoop 服务。

在相关大数据分析处理技术出现前，IT 公司经理们通常要对公司数据进行删选以便用户查询和分析。现在，各种大数据分析工具既方便用户查询数据，又能避免泄露公司机密；同时，所有原始数据都将完好保存。

阻碍大数据分析技术或是使用 Hadoop 的原因之一就是缺乏相应的技术、环境 / 数据安全以及可行性。幸而，许多开源和专利软件社区都已经开始着手解决这些问题。

目前，有一半以上的企业还在利用磁盘进行数据存档、备份和恢复。但随着大数据分析技术日渐成熟，磁盘终将被淘汰。

Hadoop 平台对业务的针对性较强，现粗略地从几个角度将大数据分析的业务需求分类，针对不同的具体需求，应采用不同的数据分析架构。

按照数据分析的实时性，分为实时数据分析和离线数据分析两种。

实时数据分析一般用于金融、移动和互联网 B2C 等产品，往往要求在数秒内返回上亿行数据的分析，从而达到不影响用户体验的目的。要满足这样的需求，可以采用精心设计的传统关系型数据库组成并行处理集群，也可以采用一些内存计算平台或 HDD 的架构，这些无疑都需要比较高的软硬件成本。目前比较新的海量数据实时分析工具有 EMC 的 Greenplum、SAP 的 HANA 等。

对于大多数反馈时间要求不是那么严苛的应用，如离线统计分析、机器学习、搜索引擎的反向索引计算、推荐引擎的计算等，应采用离线分析的方式，通过数据采集工具将日志数据导入专用的分析平台。但面对海量数据，传统的 ETL 工具往往彻底失效，主要原因是数据格式转换的开销太大，在性能上无法满足海量数据的采集需求。互联网企业的海量数据采集工具，有 Facebook 开源的 Scribe、LinkedIn 开源的 Kafka、淘宝开源的 TimeTunnel、Hadoop 的 Chukwa 等，均可以满足每秒数百 MB 的日志数据采集和传输需求，并将这些数据上载到 Hadoop 中央系统上。

海量数据级别指的是对于数据库和 BI 产品已经完全失效或者成本过高的数据量。海量数据级别的优秀企业级产品也有很多，但基于软硬件成本的原因，目前大多数互联网企业采用 HDFS（Hadoop 分布式文件系统）来存储数据，并使用 MapReduce 进行分析。本文稍后将主要介绍 Hadoop 上基于 MapReduce 的一个多维数据分析平台。

根据不同的业务需求，数据分析的算法也差异巨大，而数据分析的算法复杂度与架构是紧密关联的。举个例子，Redis 是一个高性能的 Key-Value 数据库，它支持 List、Set、SortedSet 等简单集合，如果数据分析需求通过排序、链表就可以解决，同时总的数据量不大于内存（准确地说是内存加上虚拟内存再除以 2），那么使用 Redis 会达到非常惊人的分析性能。还有很多易并行（Embarrassingly Parallel）问题，计算可以分解成完全独立的部分，或者很简单地就能改造出分布式算法，如大规模脸部识别、图形渲染等，这样的问题自然是使用并行处理集群比较适合。而大多数统计分析、机器学习问题都可以用 MapReduce 算法改写。MapReduce 目前最擅长的计算领域有流量统计、推荐引擎、趋势分析、用户行为分析、数据挖掘分类器、分布式索引等。

1.1.3　大数据深度挖掘

智库百科是这样描述数据挖掘（Data Mining）的：数据挖掘又称数据库中的知识发现，是目前人工智能和数据库领域研究的热点问题，所谓数据挖掘是指从数据库的大量数据中揭示出隐含的、先前未知并有潜在价值的信息的非平凡过程。数据挖掘是一种决策支持过程，它主要基于人工智能、机器学习、模式识别、统计学、数据库、可视化技术等，高度自动化地分析企业的数据，做出归纳性的推理，从中挖掘出潜在的模式，帮助决策者调整市场策略，减少风险，做出正确的决策。数据挖掘就是从大量的、不完全的、有噪声的、模糊的、随机的实际应用数据中，提取隐含在其中的、人们事先不知道的但又是潜在有用的信息和知识的过程。这个定义包括 4 层含义：数据源必须是真实的、大量的、含噪声的；发现的是用户感兴趣的知识；发现的知识要可接受、可理解、可运用；并不要求发现放之四海皆准的知识，仅支持特定的发现问题。

与数据挖掘相近的同义词有数据融合、人工智能、商务智能、模式识别、机器学习、知识发现、数据分析和决策支持等。

何为知识？从广义上理解，数据、信息也是知识的表现形式，但是人们更多的是把概念、规则、模式、规律和约束等看作知识，而把数据看作形成知识的源泉，好像从矿石中采矿或淘金一样。原始数据可以是结构化的，如关系数据库中的数据；也可以是半结构化的，如文本、图形和图像数据；甚至是分布在网络上的异构型数据。发现知识的方法可以是数学的，也可以是非数学的；可以是演绎的，也可以是归纳的。发现的知识可以被用于信息管理、查询优化、决策支持和过程控制等，还可以用于数据自身的维护。因此，数据挖掘是一门交叉学科，它把人们对数据的应用从低层次的简单查询，提升到从数据中挖掘知识，提供决策支持。在这种需求牵引下，汇聚了不同领域的研究者，尤其是数据库技术、人工智能技术、数理统计、可视化技术、并行计算等方面的学者和工程技术人员，投身到数据挖掘这一新兴的研究领域，形成新的技术热点。

从商业角度的定义，数据挖掘是一种新的商业信息处理技术，其主要特点是对商业数据库中的大量业务数据进行抽取、转换、分析和其他模型化处理，从中提取辅助商业决策的关键性数据。

简而言之，数据挖掘是一类深层次的数据分析方法。数据分析本身已经有很多年的历史，而过去数据收集和分析的目的是用于科学研究。另外，由于当时计算能力的限制，对大数据量进行分析的复杂数据分析方法受到了很大限制。现在，由于各行业业务自动化的实现，商业领域产生了大量的业务数据，这些数据不再是为了分析而收集，而是由纯机会的（Opportunistic）商业运作产生。分析这些数据也不再是单纯出于研究的需要，更主要是为商业决策提供真正有价值的信息，进而获得利润。但所有企业面临的一个共同问题是：企业数据量非常大，而其中真正有价值的信息却很少。从大量的数据中经过深层分析，获得有利于商业运作、提高竞争力的信息，就像从矿石中淘金一样，数据挖掘也因此而得名。

因此，数据挖掘可以描述为：按企业既定业务目标，对大量的企业数据进行探索和分析，揭示隐藏的、未知的或验证已知的规律性，并进一步将其模型化的、先进的、有效的方法。

1.1.4 业务与技术脱节

据 Gartner 调查统计，80% 的企业业务正运行在 IT 系统上，IT 影响力已经遍布于企业的各个角落。离开 IT 技术，业务也将无法正常运行。因此，随着 IT 技术在业务中的地位越来越重要，企业对于 IT 技术的要求也越来越高。这种转变说明 IT 技术再也不是停留在基础设施层面上的单纯技术，而是需要为企业的业务成效贡献力量的核心因素之一。但让众多 CIO 感到苦恼的是，如此巨大的 IT

投入，仍无法动态满足业务的发展需求，IT与业务的脱节让全球经济危机的严冬更加寒冷。

1.2　大数据催生云计算

现在已经从过去资本经济的时代进入数字经济的时代。特别是我们所看到的虚拟世界、物理世界与人类社会相关联时，已经创造出了更多与以前不一样的数据。所以有学者说，18个月翻一番的数据量导致存储和处理能力的提高开始落后于现有数据增长的幅度，导致现在的知识社会中面临着最大的瓶颈。在这个瓶颈下，过去的数据（以商业数据为主）是确定了的数据。数据管理能力、数据处理能力、高可靠安全服务能力这3个能力的局限性和发展空间，为现在的数据处理带来了新的机会，也就是数据和经济社会密切相连。因需求而催生的技术往往最具生命力和广泛、残酷的市场竞争性，行业洗牌，甚至国家竞争力都附着于此。也正因此，云计算被称为是继大型计算机、个人计算机、互联网之后的第四次IT产业革命，它不仅改变了网络应用的模式，也将成为带动IT、物联网、电子商务等诸多产业强劲增长，推动信息产业整体升级的基础。

1.2.1　云计算不是偶然

2006年Google推出了“Google 101计划”，并正式提出“云”的概念和理论。随后亚马逊、微软、惠普、雅虎、英特尔、IBM等公司都宣布了自己的云计划，“云安全”“云存储”“内部云”“外部云”“公共云”“私有云”等一堆让人眼花缭乱的概念在不断冲击人们的神经。那么到底什么是云计算技术？云计算技术的产生、概念、原理、应用和前景又在哪里？

1. 云计算思想的产生

在传统模式下，企业建立一套IT系统不仅需要购买硬件等基础设施，还需要购买软件的许可证，需要专门的人员维护。当企业的规模扩大时，还要继续升级各种软硬件设施以满足需要。对于企业来说，计算机等硬件和软件本身并非是他们真正需要的，它们仅是完成工作、提供效率的工具而已。对个人来说，我们想正常使用电脑需要安装许多软件，而许多软件是收费的，对不经常使用该软件的用户来说购买是非常不划算的。能否有这样的服务，能够提供我们需要的所有软件供我们租用？这样我们只需要在使用时付少量租金即可租用这些软件服务，为我们节省许多购买软硬件的资金。

我们每天都要用电，但不是每家自备发电机，它由电厂集中提供；我们每天都要用自来水，但不是每家都有井，它由自来水厂集中提供。这种模式极大地节约了资源，方便了我们的生活。面对计算机带来的困扰，是否可以像使用水和电一样使用计算机资源？这些想法最终导致了云计算的产生。

云计算的最终目标是将计算、服务和应用作为一种公共设施提供给公众，使人们能够像使用水、电、煤气和电话那样使用计算机资源。

云计算模式即电厂集中供电模式。在云计算模式下，用户的计算机会变得十分简单，不大的内存、不需要硬盘和各种应用软件，就可以满足我们的需求，用户的计算机除了通过浏览器给“云”发送指令和接收数据外，基本上什么都不用做，便可以使用云服务提供商的计算资源、存储空间和各种应用软件。这就像连接显示器和主机的电线无限长，从而可以把显示器放在使用者的面前，而主机放在远到甚至是计算机使用者本人也不知道的地方。云计算把连接显示器和主机的电线变成了网络，把主机变成云服务提供商的服务器集群。

在云计算环境下，用户的使用观念也会发生彻底的变化：从“购买产品”到“购买服务”转变，因为他们直接面对的将不再是复杂的硬件和软件，而是最终的服务。用户不需要拥有看得见、摸得着的硬件设施，也不需要为机房支付设备供电、空调制冷、专人维护等费用，并且不需要等待漫长的供货周期、项目实施等冗长的时间，只需要把钱汇给云计算服务提供商，就可以马上得到所需要的服务。

2. **云计算的概念**

云计算是由分布式计算（Distributed Computing）、并行处理（Parallel Computing）、网格计算（Grid Computing）发展来的，是一种新兴的商业计算模型。目前，对于云计算的认识在不断的发展变化，云计算仍没有普遍一致的定义。

中国网格计算、云计算专家刘鹏给出如下定义，“云计算将计算任务分布在大量计算机构成的资源池上，使各种应用系统能够根据需要获取计算力、存储空间和各种软件服务。”

狭义的云计算指的是厂商通过分布式计算和虚拟化技术搭建数据中心或超级计算机，以免费或按需租用的方式向技术开发者或者企业客户提供数据存储、分析以及科学计算等服务，比如亚马逊数据仓库出租生意。

广义的云计算指厂商通过建立网络服务器集群，向各种不同类型客户提供在线软件服务、硬件租借、数据存储、计算分析等不同类型的服务。广义的云计算包括了更多的厂商和服务类型，例如国内用友、金蝶等管理软件厂商推出的在线财务软件，Google 发布的应用程序套装等。

通俗的理解是，云计算的“云”就是存在于互联网服务器集群上的资源，包括硬件资源（服务器、存储器、CPU 等）和软件资源（应用软件、集成开发环境等），本地计算机只需要通过互联网发送一个需求信息，远端就会有成千上万的计算机为你提供需要的资源并将结果返回到本地计算机。这样，本地计算机几乎不需要做什么，所有的处理都由云计算提供商所提供的计算机群来完成。

3. *云计算的主要服务形式和典型应用*

云计算还处于萌芽阶段，有庞杂的各类厂商在开发不同的云计算服务。云计算的表现形式多种多样，简单的云计算在人们日常网络应用中随处可见，比如腾讯 QQ 空间提供的在线制作 Flash 图片、Google 的搜索服务、Google Docs、Google APPs 等。目前，云计算的主要服务形式有：软件即服务（Software as a Service，SaaS）、平台即服务（Platform as a Service，PaaS)、基础设施服务（Infrastructure as a Service，IaaS）。

（1） SaaS

SaaS 服务提供商将应用软件统一部署在自己的服务器上，用户根据需求通过互联网向厂商订购应用软件服务，服务提供商根据客户所定软件的数量、时间的长短等因素收费，并且通过浏览器向客户提供软件的模式。

（2） PaaS

把开发环境作为一种服务来提供。这是一种分布式平台服务，厂商提供开发环境、服务器平台、硬件资源等服务给客户，用户在其平台基础上定制开发自己的应用程序，并通过其服务器和互联网传递给其他客户。PaaS 能够给企业或个人提供研发的中间件平台，提供应用程序开发、数据库、应用服务器、试验、托管及应用服务。

Google APP Engine、Salesforce 的 force.com 平台、八百客的 800APP 是 PaaS 的代表产品。以 Google APP Engine 为例，它是一个由 Python 应用服务器群、BigTable 数据库及 GFS 组成的平台，为开发者提供一体化主机服务器及可自动升级的在线应用服务。

（3） IaaS

IaaS 即把厂商由多台服务器组成的“云端”基础设施，作为计量服务提供给客户。它将内存、I/O 设备、存储和计算能力整合成一个虚拟的资源池为整个业界提供所需要的存储资源和虚拟化服务器等服务。这是一种托管型硬件方式，用户付费使用厂商的硬件设施。如亚马逊的 Web 服务（AWS）、IBM 的 BlueCloud 等均是将基础设施作为服务出租。

目前，以 Google 云应用最具代表性，如 Google Docs、Google APPs、

Google Sites、云计算应用平台 Google APP Engine。

Google Docs 是最早推出的云计算应用，是软件即服务思想的典型应用。它类似于微软的 Office 在线办公软件。它可以处理和搜索文档、表格、幻灯片，可以通过网络和他人分享并设置共享权限。Google 文件是基于网络的文字处理和电子表格程序，可提高协作效率，多名用户可同时在线更改文件，并可以实时看到其他成员所做的编辑。用户只需一台接入互联网的计算机和可以使用 Google 文件的标准浏览器，即可在线创建和管理、实时协作、权限管理、共享、搜索、修订历史记录以及随时随地访问，大大地提高了文件操作的共享和协同能力。

4. 云计算的核心技术

云计算系统运用了许多技术，其中以编程模型、数据管理技术、数据存储技术、虚拟化技术、云计算平台管理技术最为关键。

（1）编程模型

MapReduce 是 Google 开发的 Java、Python、C++ 编程模型，它是一种简化的分布式编程模型和高效的任务调度模型，用于大规模数据集（大于 1 TB）的并行运算。严格的编程模型使云计算环境下的编程十分简单。MapReduce 模式的思想是将要执行的问题分解成 Map（映射）和 Reduce（化简）的方式，先通过 Map 程序将数据切割成不相关的区块，分配（调度）给大量计算机处理，达到分布式运算的效果，再通过 Reduce 程序将结果汇整输出。

（2）海量数据分布存储技术

云计算系统由大量服务器组成，同时为大量用户服务，因此云计算系统采用分布式存储的方式存储数据，用冗余存储的方式保证数据的可靠性。云计算系统中广泛使用的数据存储系统是 Google 文件系统（Google File System，GFS）和 Hadoop 团队开发的 GFS 开源实现 HDFS。

GFS 是一个可扩展的分布式文件系统，用于大型的、分布式的、对大量数据进行访问的应用。GFS 的设计思想不同于传统的文件系统，是针对大规模数据处理和 Google 应用特性而设计的。它运行于廉价的普通硬件上，但可以提供容错功能。它可以给大量的用户提供总体性能较高的服务[3]。

一个 GFS 集群由一个主服务器（Master）和大量的块服务器（Chunk Server）构成，并被许多客户（Client）访问。主服务器存储文件系统所有的元数据，包括名字空间、访问控制信息、从文件到块的映射以及块的当前位置。它也控制系统范围的活动，如块租约（Lease）管理、孤儿块的垃圾收集、块服务器间的块迁移。主服务器定期通过 HeartBeat 消息与每一个块服务器通信，给块服务器传递指令并收集它的状态。GFS 中的文件被切分为 64 MB 的块并以冗余存储，每份数据在系统中保存 3 个以上备份。

客户与主服务器的交换只限于对元数据的操作，所有数据方面的通信都直接和块服务器联系，这大大提高了系统的效率，防止主服务器负载过重。

（3）海量数据管理技术

云计算需要对分布的、海量的数据进行处理、分析，因此，数据管理技术必须能够高效地管理大量的数据。云计算系统中的数据管理技术主要是Google的BigTable（BT）数据管理技术和Hadoop团队开发的开源数据管理模块HBase。

BT是建立在GFS、Scheduler、Lock Service和MapReduce上的一个大型分布式数据库，与传统的关系数据库不同，它把所有数据都作为对象来处理，形成一个巨大的表格，用来分布存储大规模结构化数据。

Google的很多项目使用BT来存储数据，包括网页查询、Google Earth和Google金融。这些应用程序对BT的要求各不相同：数据大小（从URL到网页到卫星图像）不同，反应速度不同（从后端的大批处理到实时数据服务）。对于不同的要求，BT都成功地提供了灵活、高效的服务。

（4）虚拟化技术

通过虚拟化技术可实现软件应用与底层硬件相隔离，它包括将单个资源划分成多个虚拟资源的裂分模式，也包括将多个资源整合成一个虚拟资源的聚合模式。虚拟化技术根据对象可分成存储虚拟化、计算虚拟化、网络虚拟化等，计算虚拟化又分为系统级虚拟化、应用级虚拟化和桌面虚拟化。

（5）云计算平台管理技术

云计算资源规模庞大，服务器数量众多并分布在不同的地点，同时运行着数百种应用，如何有效地管理这些服务器并保证整个系统提供不间断的服务是个巨大的挑战。

云计算系统的平台管理技术能够使大量的服务器协同工作，方便地进行业务部署和开通，快速发现和恢复系统故障，通过自动化、智能化的手段实现大规模系统的可靠运营。

1.2.2 云计算带来挑战与机遇

随着云计算的飞速发展，云计算已成为了IT技术创新的重要特征。在信息化社会的今天，无论是政府、企业和个人用户，各行各业都看好云计算中蕴藏的无尽潜力，一场以云计算为主导的信息化革命进程正在全球范围内如火如荼地进行着。然而如同发电厂需要不断提高发电效率，减少输电损耗一般，云计算的强大计算能力背后，也不可避免地产生了高能耗的问题。

据 Environment Ldader 统计，2006 年美国 IT 数据中心用电占全美总用电的 1.5%，而到了 2011 年，美国 IT 数据中心用电占全美用电的 2.5%。绿色和平组织预测，到 2020 年，全球数据中心用电将达到目前美国总用电量的一半，超过目前德国、加拿大和巴西用电量的总和。因此，数据中心的建设，似乎给人这样一个印象：数据中心成了耗能中心的代名词。

低碳、节能减排的社会发展大趋势，为 IDC 产业变革带来了新的挑战和市场机遇。云计算数据中心将更加大型化、专业化、集中化，这将改变人们认为的“原有数据中心是能耗中心”问题，从而有利于社会节能减排的推进。从某种程度上讲，云计算技术和云计算的 IaaS 服务模式，可以给传统的数据中心建设带来变革，使数据中心成为绿色数据中心。

影响云计算从概念走向落地的因素之一就是网络带宽和网络速度的局限。虽然从表面上看来，云服务使用方式简单、轻巧、方便，但是背后却消耗着大量的网络带宽。实际上，网络带宽的难以保障，成为制约云计算发展的“隐形杀手”。

足够高的、可靠的、低成本的、容易获取的带宽资源，是云计算产业发展的前提和基础。云计算的服务高度依赖于网络，若网络带宽不够或不稳定，则会使云计算的性能表现较差。因此，云计算的兴起还有赖于网络带宽的发展。

云计算的数据和运算不再放在个人 PC 内，而是放在云里。云端的数据如何得到保护，很自然地成为一个问题。它不仅是个技术问题，还涉及政策、系统、监管、信任等诸多方面。尽管人们越来越熟悉云计算，也更愿意通过云服务开展他们的业务，但对于云安全仍然存在着许多模糊的认识。

当涉及安全问题时，云计算仍然任重而道远，还有很多方面的工作有待严谨化。首先，云计算供应商会利用大型共享存储环境，如存储区域网络或网络附加存储，云计算服务的购买者则会担心出现非法访问、数据泄露、访问故障等问题；其次，公有云的资源共用为恶意内容（一般为病毒和恶意软件的形式）的出现提供可能，公共云的网站，如 Google、亚马逊和 Facebook，都是这种恶意代码的温床。

云计算很早就进入中国，直到 2013 年才呈现大规模发展趋势，而至今并没有真正落地。这中间还有对新技术的信任问题。

如今进入大数据时代，大家对数据隐私安全分外关心。北美待查数据表明，有 75% 的网民表示他们担心云计算的安全问题，最关心的就是隐私安全和如何有效保护自己的隐私。目前国外和我国的相关政府机构也在抓紧面对用户这些新的顾虑。

目前，云服务还没有大量的解决方案和成功案例，政企用户对云计算的数据安全也还不是很放心。如今，尽管政府对云计算投入了大量的资金和政策支持，但目前尚未有关于云计算运营的相关法律法规出台。对于购买云服务的政企用户来说，一旦数据出了问题，又无法对最终的责任进行追究，那么将造成无法想象的损失。

综上所述，云计算之所以落地难，是因为网络带宽问题有待提升、安全问题、缺乏成功案例等。带宽问题会随时间而被解决，安全问题还需要云计算在发展过程中注重相关行业标准的制定以及行业发展的规范化发展，打造一个安全、有序的发展环境。

一是地方政府正在成为新一代云计算基础设施的主要推动者。目前我国已有20多个地方公布了云计算产业发展规划，相继出台了产业发展规划、行动计划，鼓励建设示范试点工程，制定了土地、税收、资金等方面的优惠政策。各地通过政企联合、官产学研一体化运作，积极推进本地区IDC、灾备中心等云计算基础设施建设，已成为新一代云计算基础设施的主要推动者。

二是云计算产业链和生态系统正在加速形成和完善。在云计算应用模式大发展的背景下，硬件、软件、集成、运营、内容服务等领域的主要厂商纷纷借势转型发展，基于已有的产品及技术优势，推出云计算服务及解决方案，这使云计算产业链得以构建，以基础设施服务商、平台服务商、应用软件服务商、云终端设备提供商、云内容提供商、云系统集成商为主要角色的云计算生态系统正在加速形成。

三是云计算应用需求正在进入集中爆发期。随着政府加速社会管理方式变革，云计算在民生、电子政务、城市管理等多个领域信息化水平提升方面发挥着越来越大的作用，日益成为政府和社会机构优化管理的重要支撑手段。此外，重点行业和企业的“两化”深度融合，要求进一步深化信息技术在研发设计、生产、流通、管理等关键环节上的应用，促进信息技术从单项应用向综合集成转变，这对云计算的行业解决方案提出了更高的要求和更多的需求。同时，以物联网、移动互联网为代表的新一代信息技术交叉应用市场也在快速成长，这些领域的应用深化必将拉动云计算服务需求的快速增长，加速云计算的应用推广。

四是竞争聚焦点从“单一应用”转为“平台构建”。云计算作为一个新兴应用，发展初期由于用户对其技术成熟度、系统安全性、方案有效性、建设成本等方面存在较大顾虑，早期的应用案例中多以小范围试用为主，应用云计算技术解决单一、非核心业务问题缺乏成熟的商业模式，也没有形成规模化应用。随着云计算应用的深入，越来越多的行业希望通过云计算平台的搭建整合现有信息化应用系统，建设高效、动态、弹性的“灵动型”一体化云平台，满足业务快速发展的需要。

五是行业组织和专业联盟成为推动产业发展的重要力量。云计算产业的发展需要有效整合“官—产—学—研—用”各方资源，形成发展合力，推动政策与试点、技术与标准、研究与应用、基地与企业的无缝衔接和良性互动，行业组织和专业联盟在这一过程中正在发挥重要作用。

云计算代表着根本性的转变，即 IT 企业不再需要自己去投入资金用于采购 IT 基础设施和相关的复杂技术以及由此带来的后续开支，取而代之的是从外部采购 IT 服务本身。

技术的进步，尤其是无处不在的高速网络连接和存储成本的不断降低，最终使得开发者可以简单、低价、灵活地为用户提供服务。

使用云计算来发展和抓住机遇已经成为全新的方式，通过技术可以满足买家的各种需求。

1.2.3 云计算对大数据的意义

云计算是计算机科学和互联网技术发展的产物，也是引领未来信息产业创新的关键战略性技术和手段。它将带来工作方式和商业模式的根本性改变，对我国冲出国外企业的技术壁垒，发展高新技术产业具有重要的战略意义。

美国一名大学教授称，随着 Web 技术的持续发展，云计算的重要性将超过互联网[2]。

一些分析师也表示，现在的云计算就像 20 世纪 90 年代的互联网，它将给产业带来一场革命性的改变。随着云计算模式的普及，互联网在未来几年内可能会进入一个低迷期，云计算的重要性将超过互联网，接下来云计算的发展将成为产业进步的关键因素。

云计算是一种全新的模式，它将改变传统软件的使用方式。它将使发展中国家可以使用以往只有发达国家才能使用的软件。小型企业也可以使用原来只有大企业才能用得起的软件。

调查显示，在 2000 年已经使用或准备使用云计算服务的企业不到 10%。到 2010 年 5 月，这个数字已经突破了 60%。

有报告称，未来几年，基于移动设备和远程存储的云计算服务将被越来越多地应用。随着云应用范围的扩大，其在企业中的地位会不断攀升，对整个 IT 服务产业的影响也将不断增强。

云计算被视为信息技术的第三次浪潮，将带来工作方式和商业模式的根本性改变。为什么这样说呢？首先，“云”是 20 世纪机械动力领域变革在当代信息技术领域的重演。

据 IDC 预测，未来 4 年，全球云计算服务市场份额平均每年将增长 26%。著名计算机工程专家李德毅院士认为，云计算产业未来的发展速度将是目前 IT 产业的 6 倍。

目前，信息技术领域逐渐被发达国家特别是美国所垄断，全球真正有实力研发和提供云计算服务的公司只有 Google、雅虎、微软、IBM 和亚马逊等少数 IT 巨头。发展中国家在技术上没有主导权，其战略选择非常有限。在“云”面前，国家信息安全和主流思想文化受到挑战。云计算的发展将导致全球信息在收集、传输、储存、处理等各个环节上进一步集中，国家信息将在“去国家化”的趋势中受到严峻考验。

云计算学指云计算服务、支撑云计算服务的云计算平台和相关云计算构架技术，是计算机科学和互联网技术发展的产物，也是引领未来信息产业创新的关键战略性技术和手段。

云计算就是资源的不断整合，它不是一种新技术，而是一种全新的应用服务交付模式。

要理性看待“云”的负面。云计算有很多好处，但我们不能急功近利。不是说你买了一个云计算平台，就会马上看到效果。云计算需要在实施过程中逐步地演进。在这个过程中，没有做好或者没有正确对待，都有可能遭遇失败。

1.2.4　云计算的未来展望

在中国，云计算主要面临两大问题：第一是安全问题，这也是用户最关心的问题；第二是法律法规问题，云计算是新事物，相关法律法规还不健全，也缺乏云计算服务的相关标准。解决上述问题，需要政府去监督和管理，形成一些法规、政策和规范，最终形成一个好的氛围，让用户像信赖银行一样信赖云计算。每一项规范的出台都需要一个过程。作为企业，不能等所有条件都成熟，才迈入“云”中。面对新的机会，一旦慢半拍，就可能会被竞争对手迎头赶上或拉开距离。

目前，以云计算为代表的信息时代已经到来——不管你是否欢迎。在工业化时代，制造是规模化的、集中化的。在信息时代，制造是分散的、可协同的。全球经济一体化，要求制造和服务都是在一个一体化的平台。因此，可以说云计算是工业化后全球化最好的解决方案。中国经济需要调整结构，中国企业也需要转型升级，运营管理模式要从粗放型向精细化转变。

经济在变化，如何降低成本、如何快速进入市场、如何提高效率，是企业必须面对的问题。IT 技术是企业业务转型和创新以及高效运营的助推器，如果你不利用，就难逃失败的厄运，尤其是大企业。

因此，拥抱云计算才有未来。否则，企业只会逐步地被淘汰。如果你没有基于“云”这种理念的管理，没有基于“云”的 IT 技术建设，你就是传统和落后的。别人已经进入了新的信息时代，而你连工业化还谈不上，怎么可能成功呢？

1.3 大数据存储

1.3.1 存储仅是第一步

数据存储是数据流在加工过程中产生的临时文件或加工过程中需要查找的信息。数据以某种格式记录在计算机内部或外部存储介质上。数据存储要命名，这种命名要反映信息特征的组成含义。数据流反映了系统中流动的数据，表现出动态数据的特征；数据存储反映系统中静止的数据，表现出静态数据的特征。

常用的存储介质为磁盘和磁带。数据存储组织方式因存储介质而异。在磁带上数据仅按顺序文件方式存取；在磁盘上则可按使用要求采用顺序存取或直接存取方式。数据存储方式与数据文件组织密切相关，其关键在于建立记录的逻辑与物理顺序间对应关系，确定存储地址，以提高数据存取速度。

1．DAS

直接附加存储（Direct Attached Storage，DAS）这种存储方式与我们普通的 PC 存储架构一样，外部存储设备都是直接挂接在服务器内部总线上，数据存储设备是整个服务器结构的一部分。

DAS 存储方式主要适用以下环境。

（1）小型网络

因为网络规模较小，数据存储量小，且也不是很复杂，采用这种存储方式对服务器的影响不会很大，并且这种存储方式也十分经济，适合拥有小型网络的企业用户。

（2）地理位置分散的网络

虽然企业总体网络规模较大，但在地理分布上很分散，通过存储区域网络（Storage Area Network，SAN）或网络附加存储（Network Attached Storage，NAS）在它们之间进行互联非常困难，此时各分支机构的服务器也可采用 DAS

存储方式，这样可以降低成本。

（3）特殊应用服务器

在一些特殊应用服务器上，如微软的集群服务器或某些数据库使用的原始分区，均要求存储设备直接连接到应用服务器。

2. NAS

NAS方式则全面改进了以前低效的DAS存储方式。它采用独立于服务器，单独为网络数据存储而开发的一种文件服务器来连接所存储设备，自形成一个网络。这样数据存储就不再是服务器的附属，而是作为独立网络节点存在于网络中，可由所有的网络用户共享。

NAS的优点有以下几个方面。

（1）真正的即插即用

NAS是独立的存储节点存在于网络中，与用户的操作系统平台无关，是真正的即插即用。

（2）存储部署简单

NAS不依赖通用的操作系统，而是采用一个面向用户设计的、专门用于数据存储的简化操作系统，内置了与网络连接所需要的协议，因此，整个系统的管理和设置较为简单。

（3）存储设备位置非常灵活

存储设备可以放置于任何访问内网的物理地点。

（4）管理容易且成本低

NAS数据存储方式是基于现有的企业Ethernet而设计的，按照TCP/IP进行通信，以文件的I/O方式进行数据传输。

NAS的缺点有：① 存储性能较低；② 可靠度不高。

3. SAN

1991年，IBM公司在S/390服务器中推出了管理系统连接（Enterprise System Connection，ESCON）技术。它是基于光纤介质、最大传输速率达17 Mbit/s的服务器访问存储器的一种连接方式。在此基础上，进一步推出了功能更强的ESCON Director（光纤通道交换机），构建了一套最原始的SAN系统。

SAN存储方式创造了存储的网络化。存储网络化顺应了计算机服务器体系结构网络化的趋势。SAN的支撑技术是光纤通道（Fibre Channel，FC）技术。它是ANSI为网络和通道I/O接口建立的一个标准集成。FC技术支持HIPPI、IPI、SCSI、IP、ATM等多种高级协议，其最大特性是将网络和设备的通信协议与传输物理介质隔离开，这样多种协议可在同一个物理连接上同时传送。

用光纤通道构建的SAN由以下3个部分组成。

① 存储和备份设备。包括磁带、磁盘和光盘库等。

② 光纤通道网络连接部件。包括主机总线适配卡、驱动程序、光缆、集线器、交换机、光纤通道和 SCSI 间的桥接器。

③ 应用和管理软件。包括备份软件、存储资源管理软件和存储设备管理软件。

SAN 的优势有以下 3 个方面。

① 网络部署容易。

② 高速存储性能。因为 SAN 采用了光纤通道技术，所以它具有更高的存储带宽，存储性能明显提高。SAN 的光纤通道使用全双工串行通信原理传输数据，传输速率高达 1 062.5 Mbit/s。

③ 良好的扩展能力。由于 SAN 采用了网络结构，扩展能力更强。光纤接口提供了 10 km 的连接距离，这使得实现物理上分离，不在本地机房的存储变得非常容易。

4. DAS、NAS 和 SAN 3 种存储方式比较

存储应用最大的特点是没有标准的体系结构，这 3 种存储方式共存，互相补充，很好地满足了目前企业信息化应用。

从连接方式上对比，DAS 采用了存储设备直接连接应用服务器，具有一定的灵活性和限制性；NAS 通过网络（TCP/IP、ATM、FDDI）技术连接存储设备和应用服务器，存储设备位置灵活，随着万兆网的出现，传输速率有了很大的提高；SAN 则是通过光纤通道技术连接存储设备和应用服务器，具有很好的传输速率和扩展性能。3 种存储方式各有优势，相互共存，占到了现在磁盘存储市场的 70% 以上。

1.3.2 行存储和列存储

目前大数据存储有两种方案可供选择：行存储（见表 1-1）和列存储（见表 1-2）。业界对两种存储方案有很多争持，集中的焦点是：谁能够更有效地处理海量数据，且兼顾安全、可靠、完整性。从目前发展情况看，关系数据库已经不适应这种巨大的存储量和计算要求，基本是被淘汰出局。在已知的几种大数据处理软件中，Hadoop 的 HBase 采用列存储，MongoDB 是文档型的行存储，Lexst 是二进制型的行存储。在这里，不讨论这些软件的技术和优缺点，只围绕机械磁盘的物理特质，分析行存储和列存储的存储特点以及由此产生的一些问题和解决办法。

表 1-1　行存储数据排列

	行 1	行 2	行 3	行 4	行 5
列 1	Data 1-1	Data 1-2	Data 1-3	Data 1-4	Data 1-5
列 2	Data 2-1	Data 2-2	Data 2-3	Data 2-4	Data 2-5
列 3	Data 3-1	Data 3-2	Data 3-3	Data 3-4	Data 3-5

表 1-2　列存储数据排列

	列 1	列 2	列 3
行 1	Data 1-1	Data 2-1	Data 3-1
行 2	Data 1-2	Data 2-2	Data 3-2
行 3	Data 1-3	Data 2-3	Data 3-3
行 4	Data 1-4	Data 2-4	Data 3-4
行 5	Data 1-5	Data 2-5	Data 3-5

1. 结构布局

表格的灰色背景部分表示行列结构，白色背景部分表示数据的物理分布，两种存储的数据都是从上至下、从左向右的排列。行是列的组合，行存储以一行记录为单位，列存储以列数据集合为单位，或称列族（Column Family）。行存储的读写过程是一致的，都是从第一列开始，到最后一列结束。列存储的读取是列数据集中的一段或者全部数据，写入时，一行记录被拆分为多列，每一列数据追加到对应列的末尾处。

2. 两种存储的对比

从上面表格可以看出，行存储的写入是一次完成的。如果这种写入建立在操作系统的文件系统上，可以保证写入过程的成功或者失败，数据的完整性因此可以确定。列存储由于需要把一行记录拆分成单列保存，写入次数明显比行存储多，再加上磁头需要在盘片上移动和定位花费的时间，实际时间消耗会更大。所以，行存储在写入上占有很大的优势。

数据修改实际也是一次写入过程。不同的是，数据修改是对磁盘上的记录做删除标记。行存储是在指定位置写入一次，列存储是将磁盘定位到多个列上分别写入，这个过程仍是行存储的列数倍。所以，数据修改也是以行存储占优。数据读取时，行存储通常将一行数据完全读出，如果只需要其中几列数据的情况，就会存在冗余列，出于缩短处理时间的考量，消除冗余列的过程通常是在内存中进行的。列存储每次读取的数据是集合的一段或者全部，如果读取多列时，就需要移动磁头，再次定位到下一列的位置继续读取。

再谈两种存储的数据分布。由于列存储的每一列数据类型都是同质的，不存在二义性问题。比如说某列数据类型为整型（int），那么它的数据集合一定是整型数据。这种情况使数据解析变得十分容易。相比之下，行存储则要复杂得多，因为在一行记录中保存了多种类型的数据，数据解析需要在多种数据类型之间频繁转换，这个操作很消耗CPU，增加了解析的时间。所以，列存储的解析过程更有利于分析大数据。

3. 行存储和列存储的优化

显而易见，两种存储格式都有各自的优缺点。行存储的写入是一次性完成，消耗的时间比列存储少，并且能够保证数据的完整性。缺点是数据读取过程中会产生冗余数据，如果只有少量数据，此影响可以忽略；数量大可能会影响到数据的处理效率。列存储在写入效率、保证数据完整性上都不如行存储，它的优势是在读取过程中不会产生冗余数据，这对数据完整性要求不高的大数据处理领域（如互联网）尤为重要。

改进集中在两方面：行存储读取过程中避免产生冗余数据；列存储提高读写效率。

（1）行存储的改进

减少冗余数据首先是用户在定义数据时避免冗余列的产生；其次是优化数据存储记录结构，保证从磁盘读出的数据进入内存后，能够被快速分解，消除冗余列。要知道，目前市场上即使最低端CPU和内存的速度也比机械磁盘快100 ~ 1 000倍。如果用上高端的硬件配置，这个处理过程还要更快。

（2）列存储的两点改进

一是在计算机上安装多块硬盘，以多线程并行的方式读写它们。多块硬盘并行工作可以减少磁盘读写竞用，这种方式对提高处理效率优势十分明显。缺点是需要更多的硬盘，这会增加投入成本，在大规模数据处理应用中是不小的数目，运营商需要认真考虑这个问题。二是对写过程中的数据完整性问题，可考虑在写入过程中加入类似关系数据库的“回滚”机制，当某一列发生写入失败时，此前写入的数据全部失效，同时加入散列码校验，进一步保证数据完整性。

（3）两种存储方案共同改进的地方

频繁、小量的数据写入对磁盘影响很大，更好的解决办法是将数据在内存中暂时保存并整理，达到一定数量后，一次性写入磁盘，这样消耗时间更少一些。目前机械磁盘的写入速度为20 ~ 50 Mbit/s，能够以批量的方式写入磁盘，效果也不错。

4. 总结

两种存储格式各自的特性都决定了它们不可能是完美的解决方案。如果首要考虑是数据的完整性和可靠性，那么行存储是不二选择，列存储只有在增加磁盘并改进软件设计后才能接近这样的目标。如果以保存数据为主，行存储的写入性能比列存储高很多。在需要频繁读取单列集合数据的应用中，列存储是最合适的。如果每次读取多列，两个方案可酌情选择：采用行存储时，设计中应考虑减少或避免冗余列；若采用列存储方案，为保证读写入效率，每列数据尽可能分别保存到不同的磁盘上，多个线程并行读写各自的数据，这样避免了磁盘竞用的同时也提高了处理效率。无论选择哪种方案，将同内容数据聚凑在一起都是必需的，这是减少磁头在磁盘上的移动，提高数据读取时间的有效办法。表 1-3 为行列存储对比。

表 1-3　行列存储对比

	行存储	列存储
优点	写入效率高，提供数据完整性保证	读取过程没有冗余，适合数据定长的大数据计算
缺点	数据读取有冗余现象，影响计算速度	缺乏数据完整性保证，写入效率低
改进	优化的存储格式，保证能够在内存快速删除冗余数据	多磁盘、多线程并行写入 / 读（需要增加运营成本和修改软件）
应用环境	商业领域、互联网	互联网

1.3.3　PB 级大数据存储

越来越多的存储产品都在融入大数据的概念和功能，并使之成为产品的一大卖点。对于从事存储管理的专业人员来说，对大数据在具体应用场景中的特点和区别要有所了解。

大数据应该分为大数据存储和大数据分析，这两者的关系是：大数据存储是用于大数据分析的。然而，到目前为止，这是两种截然不同的计算机技术领域：大数据存储致力于研发可以扩展至 PB 甚至 EB 级别的数据存储平台；大数据分析关注在最短时间内处理大量不同类型的数据集。

在快速变化的技术趋势中，有两个特点需要存储管理人员重视起来。

第一，大数据分析流程和传统数据仓库的方式完全不同，其已经变成了业务部门级别和数据中心级别的关键应用。这也是存储管理员的切入点。随着基础平台（分布式计算或其他架构）变得业务关键化，用户群较以往更依赖这一平台，这也使得其成为企业安全性、数据保护和数据管理策略的关键课题。

第二，通常用于数据分析的分布式计算平台内存储不是以往面对的网络附加存储和存储区域网络，其通常是内置的直连存储以及组成集群的分布式计算节点。这使得管理大数据变得更为复杂，因为你无法像以前那样对这些数据部署安全、保护和保存流程。然而，执行这些流程策略的必要性被集成在管理分布式计算集群中，并且改变了计算和存储层交互的方式。

大数据分析和传统的数据仓库的不同如下。

大数据分析中包含了各种快速成长中的技术。因此，简单用某一种技术尝试对其定义（如分布式计算）会比较困难。不过，这些定义大数据分析的通用性技术可以用如下特征阐述：① 对于传统数据仓库处理流程效率和扩展性方面限制的感知；② 将数据（不论是结构化还是非结构化数据）从多个数据源汇聚的能力；③ 认识到数据的及时性是扩展非结构化数据源的关键，其中包括移动设备、RFID、网络和不断增长的自动化感知技术。

传统的数据仓库系统通常从现有的关系型数据库中抓取数据。然而，据估计，超过 80% 的企业数据是非结构化的，即无法简单转化到关系型数据库管理系统（RDBMS），如 DB2 和 Oracle 完成的数据。一般而言，出于此次讨论的目的，非结构化数据可以看成所有无法简单转化到结构化关系型数据库中的所有数据。而企业现在希望从这些非结构化数据类型中抽取有价值的信息，包括以下几个方面。

- 邮件和其他形式的电子通信记录。
- 网站上的资料，包括点击量和社交媒体相关的内容。
- 数字视频和音频。
- 设备产生的数据（RFID、GPS、传感器产生的数据、日志文件等）以及物联网。

在大数据分析的情况下，查看更多的数据类型十分必要——这代表了各种重要的新信息源。随着每年非结构化数据存储总量较结构化数据增长率高出 10 ~ 50 倍，从业务角度看，这些数据也变得更为重要。

更重要的数据需要更专业的人员进行分析。在“关于大数据 CEO 们需要了解的五个问题”一文中，我们看到老板们对大数据所抱有的期望和对结果的预期。但传统的数据仓库技术对海量非结构化数据的处理根本无法满足大数据的需求。因此，存储管理人员也应该更快地跟随技术潮流，更新自己的技术和知识结构，提高自己对大数据的管理和分析能力。

早在 2008 年，EMC 公司中国研发中心首席架构师任宇翔就提出了“云存储的起点就应该是 PB 级”的观点。2012 年，中国云计算进入实践元年，解决方案和技术架构层出不穷。作为存储服务所能提供的首要考虑因素，存储厂商们也纷纷推动云存储的容量向更大规模拓展 [4]。

PB级存储构想在云创存储高密度PB级cStor云存储系统中照进现实。光是单机架存储就一次性达到了1.125 PB的裸容量，搭载384块3TWD绿盘的超高密度，单机架的总功率达4 kW，单节点的功率达10 W，铸就了全球范围内首款超低功耗PB级cStor云存储系统。

面对PB级的海量存储需求，传统的SAN或NAS在容量和性能的扩展上会存在瓶颈；基于云计算的新兴集群存储，无论在成本和性能方面上，都具有传统网络存储不可比拟的优势，成为追求高性价比的客户的新宠。与使用专用服务器相比，云创存储推出的低功耗PB级云存储系统的高性价比、大容量存储服务节点，可以将系统构建成本节省5 ~ 10倍。存储规模越大，优势反而越明显，完全规避了传统存储的性能瓶颈。

在云计算的商业模式中，存储构成了一定比重的服务提供，而存储业界的竞争很大程度上是规模、成本和性能的综合考评。在云端竞争打响的当代，PB级云存储无疑具有压倒性的规模优势，1 PB存储系统是国内最早实现并保持领先的云存储系统。整套系统是一个海量的云存储平台，包括软件与硬件。与传统的大规模存储系统相比，它具有构建成本低、性能高效可靠、使用简单方便的特点。在需要存储大量数据（如视频数据、业务数据等）的应用场合，可以大幅提高存储系统的性价比。与目前国际上知名的Google、亚马逊等云存储相比，PB级云存储具有更高的性价比、更低的能耗、更加通用和方便的使用模式。

和传统存储相比，1 PB云存储系统具有如下优势。

（1）超高密度

单机架存储裸容量1.125 PB，搭载384块3T WD绿盘。

（2）高度可靠

高度可靠的冗余备份机制，每个硬盘、主板、电源、交换机、Master服务器之间相互冗余，任何单节点出现故障，都不会影响整个系统的运行。

（3）绿色节能

单机架总功率仅有3.4 kW，采用自主研发的超低功耗云存储硬盘节点，单节点功率仅有10 W。

（4）超低成本

系统中采用廉价的大容量存储服务节点，通过cStor系统软件实现统一管理和容错，提供高效、稳定的服务。

（5）简单通用

提供标准接口，与Google、亚马逊云存储系统的不同在于，本系统提供符合POSIX规范的访问接口，无论是哪种系统下的应用程序，都可以不经修改就将云存储当成自己的硬盘来使用。同时，也提供专用的 API。

（6）智能管理

所有管理工作由 cStor 管理模块自动完成，使用人员无需任何专业知识便可以轻松管理整个系统。

1.3.4 大数据存储的未来

DDN（DataDirect Network）公司的执行副总裁 Jean-Luc Chatelain 认为，目前的存储系统将会崩溃，能留下来的只有服务器非易失性存储（NVRAM）和最高容量可达 64 TB 的超大型磁盘，也许还会有点磁带产品。

DDN 主要提供大型磁盘阵列，可以用超级计算或高性能计算的速率吞吐数据。媒体业、娱乐业、制药业和地球科学行业都会用到高性能计算。它们已经在这方面投入了巨大精力，并宣布在超级计算存储领域投入 1 亿美元的研发资金。

DDN 已经尝试在其存储阵列中运行系统应用软件，如文件系统，这给其他数据处理软件提供了一个机会，使其他软件可以在其阵列控制器中运行。这个控制器为嵌入式 x86 服务器，在访问大量数据时需要低时延。

Chatelain 用他自己的话而非代表公司的角度说，“高性能计算存储目前被应用在许多对口领域，但是大数据进入普通业务和公共领域只是同一水平的发展，没有过多深入。用户可能更希望出现与高性能计算存储相关的大数据进程实时分析。推出大数据分析存储产品，对厂商来说是个大机会。而这也是 DDN 先人一步之处。”

Chatelain 重点介绍了 DDN 的网络对象定标器（WOS），它可作为一个高度集群化、可扩展的对象存储阵列应用大量的大数据应用，完成防护、智能分析等工作。

Chatelain 认为未来合格的存储产品可以完成两项任务：处理涉及的大量数据；提供低时延访问满足业务需要。这就是为什么 Chatelain 看好更大的数据存储硬盘和更快的非易失性存储器。

存储行业起始于 2014 年，在 2016 年快速发展，我们将会看到该行业的改变。大数据、高性能计算系统出现，还会有由 NVRAM、NAND 材料建造的存储级记忆产品应用到每个服务器中，用来存储主要的、常用的数据。大容量的磁盘则作为补充，它们可达 8.5 英寸，转速相对缓慢，为 4 200 r/min。它们的出现将使磁带黯然失色，因为它们的容量最高可达 64 TB，访问时延为 10 ms，带宽为 100 Mbit/s。

在线上归档领域，大容量磁盘一直在向磁带进攻。我们看到磁盘生产商们为了容量牺牲了性能，但最终还是败给了闪存，闪存的加入使存储之战愈演愈烈。

Gartner 的分析师 Valdis Filks 说磁带有一个独特的优势：线下文档不会损坏，也不会被删除。这样的安全性是企业需要的。他说大磁盘让他想到了 IBM 老式的 SLED（单个的、大型的昂贵磁盘），1989 年推出的 3390，现在已经绝迹了。

那么其他人对 Chatelain 的观点有什么看法呢？

Storage Strategies Now 公司的 James Bagley 说，“考虑到持久的存储不同于闪存，我认为他定的时间表过于激进，目前唯一可以选择的是 MRAM，而 Everspin 公司刚刚开始研究 64 MB 的样品，64 GB 20 nm 的闪存产品早已在市场上泛滥，从美光到东芝都有这样的产品。

“Everspin 野心勃勃，早已制定计划开发产品，但是它还有很长的路要走。目前产品为 120 nm 单元的大小。我非常看好 MRAM，在今后的 2 ~ 3 年，它也许会占领服务器和控制器 NVRAM 市场，但我不认为它会代替闪存用作标准缓存和顶级存储层。LSI 的 12 GB SAS 控制器很有可能采用 Everspin 的芯片。

我们和 Chatelain 的意见一致，对象存储会在许多应用中占主导地位，因为非结构化数据将大肆增长。

至于磁带产品受到 HDD 的联合攻击，他的观点基本正确，但是磁带仍将存在并发展下去。”

Josh Krischer and Associates 公司的 Josh Krischer 认为 NVRAM 的观点非常好，他认为新的 NVRAM 产品应该是这样的。

- 下一代固态存储——存储级别的内存（SCM）。
- 花费不超过企业级磁盘花费的 10 倍。
- 性能大概为 DRAM 的 3 倍。
- 寿命优于 NAND。

Krischer 说，“我认为将会有一个新型的、基于 SCM 的固态存储产品。目前还不清楚哪项技术会取得胜利，但是从磁性存储器（MRAM）、铁电存储器（FeRAM）、跑道型放电管（Racetrack）、高分子有机聚合物（Organic and Polymer）和阻变存储器（RRAM）中将会有一两项胜出。在内存和闪存固态存储或性能稍差的、代替闪存技术的 SCM 之间会有一个新的存储层。”

Krischer 还提到，在 2012 年 11 月，Everspin 公司发布了首个工业级自旋扭矩磁性随机存储器（ST-MRAM）芯片，已在 2013 年上市。

Krischer 同意大的磁盘会出现，但不会达到 8.5 英寸，而且也不会代替磁带。

磁带已经不是一个不断增长的业务了。智能磁带供应商，如富士通，推出了 CentricStor，但是并没有获得成功。Krischer 认为，“便宜”的磁盘在非集群的 RAID 或分片冗余中有镜像，2.5 英寸的 HDD（2020 年容量可达 12 TB，3.5 英寸的可达 60 TB）将会有更多的盘片，采用 SAS 接口。

Krischer 认为 Chatelain 的观点大部分是正确的：处理大数据的服务器将会采用基于 NVRAM 的后 NAND 存储记忆产品，同时还会有主要的 DRAM 产品。大量的数据会被集中到网络化的单一层或可扩展磁盘阵列中，还会采用对象存储技术。

数据无处不在，并通过各种可能的方式影响着企业业务和每个人的生活。但在某种程度上，这又是一个很容易陷入行话堆砌和承诺陷阱的领域，尤其是最近一两年来，随着大数据成为科技热词，各路厂商纷纷从自己的角度出发，推介自己形形色色的大数据产品和解决方案。一时之间，赶时髦者有之，新瓶装旧酒者有之。

“华为目前推出的大数据存储产品，例如 N8000、CSS 等就具有这样的特征。”杨传斌说，作为高性能存储的一个指标，华为的大数据解决方案在最近的一项测试中达到了 300 万 OPS。这是衡量存储性能的一个指标，意思是每秒能进行 300 万个操作。

华为的这些大数据存储在国内外已经有了很多客户，除了前文提及的 Costco、山东移动、欧洲核子研究中心（CERN），还包括工商银行、全球最大的体育视频节目制作公司 IMG 等。前者希望从客户的存储中挖掘投资习惯，并向客户有针对性地推荐理财产品；后者对分布式动态视频渲染有着很大的需求。

除了存在那里，大数据主要还是要给存储数据的用户或者是最终的使用者带来价值。对于如何从数据中发现价值，业界有很多不一样的技术，其中最主要的是以 Hadoop 为基础建立的一整套分析体系。

Hadoop 是一个能够对大量数据进行分布式处理的软件框架，主要来源于开源社区。这个体系由众多的自由贡献者、部分厂商，通过提出开源的方式供大家自由使用，华为在其中也贡献了自己的计算分析和存储技术。

截至目前，无论是英特尔、IBM、EMC 这样的基础架构厂商，还是微软、SAP、甲骨文这样的应用软件厂商，都推出了支持 Hadoop 或者基于 Hadoop 的产品线，以应对市场对于大数据的需求。

华为也会在 Hadoop 的体系内提供接口，和整个大数据的分析领域对接起来。Hadoop 对于 IT 业界来说，除了存储，还可以在计算、分析、数据调度等方面为企业带来商机。

著名市场研究公司 Gartner 在 2012 年 10 月发布的一份研究报告称：在 2012 年，大数据对全球 IT 开支直接或间接的推动达 960 亿美元。

基于大数据的分析，未来会应用在社会的方方面面。比如，通过遍布各地的电子眼和监控摄像头，警务系统可以基于大数据识别一些危险的人或危险的行为，发现苗头进行预警。

再比如，现在几乎没有人可以离开手机，而手机信号的大数据使用，未来甚至可以用于控制交通流量。通过车上的 GPS 和手机，当交通进入拥堵状态时，就通过手机提示你进入某个路段要收费；如果执意进入，费用就从手机上直接自动收取了。这就避免了现在各个路口设卡刷卡的做法所带来的麻烦。

1.4 大数据处理

1.4.1 大数据处理的瓶颈

越来越多大企业的数据集及创建需要的技术，包括存储、网络、分析、归档和检索等，都被认为是海量数据。这些大量信息直接推动了存储、服务器以及安全的发展，同时也给 IT 部门带来了一系列必须解决的问题。

Gartner 公司认为海量数据处理应该是将大量不同种类以及结构化和非结构化的数据通过网络汇集到处理器和存储设备中，并将这些数据转换为企业的商业报告。

海量数据处理的 3 个主要因素：大容量数据、多格式数据和速度。

（1）大容量数据（TB 级、PB 级甚至 EB 级）

人们和机器制造越来越多的业务数据给 IT 系统带来了更大的挑战，数据的存储和安全以及在未来的访问和使用已成为难点。

（2）多格式数据

海量数据包括了越来越多不同格式的数据，这些不同格式的数据也需要不同的处理方法。从简单的电子邮件、数据日志和信用卡记录，再到仪器收集到的科学研究数据、医疗数据、财务数据以及丰富的媒体数据（包括照片、音乐、视频等）。

（3）速度

速度是指数据从端点移动到处理器和存储的速度。

Kusnetzky 集团的分析师 Dan Kusnetzky 在其博客表示，大数据是指允许组织创建、操作和管理庞大数据集和存储设施的工具。这是否意味着将来会出现比 TB 和 PB 更大的数据集？供应商给出的回应是：会出现。

他们也许会说，“你需要我们的产品来管理和组织利用大规模的数据，只是想想繁杂大量的维护动态数据集带来的麻烦，就使人们头疼。”此外，海量数据的另外一个价值是它可以帮助企业在适当的时机做出正确决策。

从历史上看，数据分析软件面对当今的海量数据（如图 1-1 所示），已显得力不从心，这种局面正在悄然转变。新的海量数据分析引擎已经出现，如 Apache 的 Hadoop、LexisNexis 的 HPCC 系统和 1010data（托管、海量数据分析的平台供应商）以云计算为基础的分析服务。

图 1-1 海量数据

1010data 的高级副总裁 Tim Negris 表示，海量数据的收集、存放与利用海量数据实际上是两回事。在做任何事前需要大量（准备数据）的工作，是像 Oracle 等大多数数据库厂商所面临的难题之一。我们正是要消除这个难题，并把数据直接交到分析师的手中。Hadoop 和 HPCC 系统做到了这一点。这 3 个平台都着眼于海量数据并提供支持。

Hadoop 将海量数据分解成较小的、更易访问的批量数据，并分发到多台服务器来分析（敏捷是一个重要的属性，就像你更容易消化被切成小块的食物一样），Hadoop 再处理查询。

2009 年，Cloudera 作为一家独立公司开始运营，公司产品采用开源并产品化 Hadoop 分析引擎和 Cloudera 企业版（Cloudera Enterprise 整合了更多的工具，包括 Hive、HBase、Sqoop、Oozie、Flume、Avro、ZooKeeper、Pig 和 Cloudera Desktop），如图 1-2 所示。

图 1-2 Cloudera Hadoop

Cloudera 得到了大量投资者的青睐，这其中包括 VMware 的创始人和前首席执行官 Diane Greene、Flickr 的联合创始人 Caterina Fake、MySQL 前首席执行官 Marten Mickos、Linkedln 总裁 Jeff Weiner 和 Facebook 的首席财务官 Gideon Yu。

自从 Cloudera 成立以来，只有少数的顶级公司和初创公司免费向他们提供基于 Hadoop 开放源代码架构制作的版本。

这是一场真正的企业科技竞争。就像在一场接力赛中，所有选手都必须使用同一种类型的接力棒（Hadoop 的代码）。企业竞争主要集中在处理数据的速度、敏捷性和创造性上。这场竞争迫使大多数企业在海量数据分析市场有所作为。

IBM 提供了基于 Hadoop 的 InfoSphere BigInsights（IBM InfoSphere BigInsights 是用于分析和虚拟化海量数据的软件和服务，这款新产品由 Apache Hadoop 提供技术支持）基本版和企业版，但公司有更大的计划。

IBM 的首席执行官 Sam Palmisano 表示，IBM 正在将新一代数据分析作为公司的研发重点，IBM 在此项目上投资了 1 亿美元。IBM 院士和计算机科学研究室主任 Laura Haas 表示，IBM 实验室的研究远远超出了海量数据的范围，并已经着手“Exadata”分析研究。Watson 就是 IBM 在海量数据研究的成果，Watson 将用于更多用途，包括卫生保健、科学研究等。

MapR 发布了一个分布式文件系统和 MapReduce 引擎，MapR 还与存储和安全的领导厂商 EMC 合作，向客户提供了 Greenplum HD 企业版 Hadoop 存储组件。EMC Hadoop 的另一个独特之处在于它没有采用官方版本的 Apache 代码，而是采用 Facebook 的 Hadoop 代码，后者在可扩展性和多站点部署上进行了优化。

另一家厂商 Platform Computing 提供了与 Apache Hadoop MapReduce 编程模型完全兼容的分布式分析平台，并支持多种分布式文件系统。

硅图国际（Silicon Graphics International，SGI）提供基于 SGI Rackable 和

CloudRack 服务器产品实施服务的 Hadoop 优化解决方案，如图 1-3 所示。

图 1-3　SGI 服务产品

戴尔也开始出售预装该开源数据处理平台的服务器。该产品成本随支持选项不同而异，基础配置价格为 11.8 ~ 12.4 万美元，包含为期一年的 Cloudera 支持和更新，6 个 PowerEdge C2100 服务器（2 个管理节点、1 个边缘节点、3 个从站节点以及 6 个戴尔 PowerConnect 6248 交换机）。

替代品浮出水面，包括 1010data 的云服务、LexusNexis 公司的 Risk，该系统在 10 年间帮助 LexusNexis 公司分析大量的客户数据，并在金融业和其他重要的行业中应用。LexusNexis 最近还宣布要在开源社区分享其核心技术以替代 Hadoop。LexisNexis 公司发布一款开源的数据处理方案，该技术被称为 HPCC（High Performance Computing Cluster，高性能计算与通信）系统。

HPCC 可以管理、排序，并可在几秒钟内处理上亿条记录。HPCC 提供两种数据处理和服务的方式：Thor Data Refinery Cluster 和 Roxy Rapid Data Delivery Cluster。Escalante 表示如此命名是因为其能像 Thor（北欧神话中司雷、战争及农业的神）一样解决问题，Thor 主要用来分析和索引大量的 Hadoop 数据；而 Roxy 则更像一个传统的关系型数据库或数据仓库，甚至还可以处理 Web 前端的服务。

LexisNexis 的首席执行官 James Peck 表示，“我们认为在当下这样的举动是对的，同时我们相信 HPCC 系统，会将海量数据处理提升到更高高度，”如图 1-4 所示。

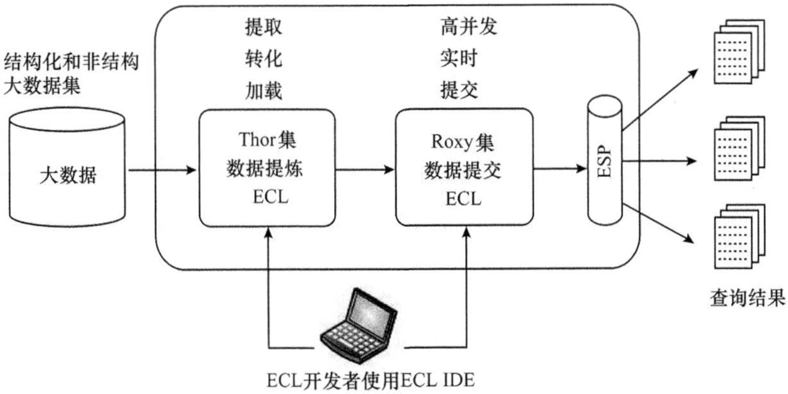

图 1-4　HPCC 系统框架

2011 年 6 月，雅虎和硅谷风险投资公司 Benchmark Capital 周二联合宣布，他们将联合成立一家名为 Hortonworks 的新公司，接管被广泛应用的数据分析软件 Hadoop 开发工作。

据一些前雅虎员工透露，从商业角度来看，Hortonworks 将保持独立运营，并发展其自身的商业版。

在转型时期，雅虎首席技术官 Raymie Stata 成为关键人物，他将负责公司所有 IT 项目的发展。Stata 表示，相对于雅虎，在 Hortonworks 会投入更多的精力在 Hadoop 的工作和相关技术上，也应加大对 Hadoop 的投资。也会将一些关键人员指派到 Hortonworks 公司，但这既不是裁员也不是分拆。这是在加大对 Hadoop 的投入。雅虎将继续为 Hadoop 的发展做出更大的贡献。

Stata 解释说，雅虎一直有一个梦想，就是将 Hadoop 变为大数据分析软件的行业标准，但这必须将 Hadoop 商业化。Stata 表示，创建 Hortonworks 的主要原因是因为雅虎已经看到了未来企业分析（感谢 Hadoop 6 年以来的发展）的未来，并知道该怎样去做。海量数据分析将很快成为企业非常普遍的需求。

将 Hadoop 部署在企业之中，并不是所有人都否定这样的解决方案。要通过 Hadoop 为股东创造价值。如果某一天 Hadoop 成为海量数据处理的行业标准，这将是对雅虎最好的奖赏。

1.4.2　大数据处理的需求

预计 2010—2016 年，私有云存储的花销将达到 28.9% 的年均增长率。照此速度，私有云存储在 2016 年前将翻 3 倍。这比当前年均增长为 4% 的内部存储要巨大。报告指出，2015—2019 年会看到云服务收入的巨大增长，但是要求公共云和私有云供应商花费的资金也同样巨大。未来几年，私有云与公共云供应商预期成为 IT 产品花钱最大方的两大巨头。

IDC 存储与 IT 执行策略的副董事长 Richard Villars 编写的报告称：驱使云存储增长的主要原因是对大数据的需求。

Villars 认为，“云”作为传递信息服务的另一种方式兴起将会继续成为 IT 市场改革最重要的开发之一。存储产业有潜力成为这种趋势下的最大受益者，但是供应商必须在目标存储、自动分层数据、大数据处理和高级存档服务等领域推动先进软件方案的同时，均衡云客户对低成本硬件的增长需求。

IDC 报告引用了企业赞成内部存储方案云的五大理由。

① 更高效地向应用的互联网用户传送数据或信息。

② 降低基础设施投资成本。

③ 抵消存在无法预测工作的应用程序响应性。

④ 分销长期信息档案的成本。

⑤ 使客户、合作者和机器生成的大数据分析有持续性与实时性。

Villars 认为未来 10 年，大数据开发也许是存储解决方案供应商最关键的新市场。提供强大的完整大数据解决方案的产品组合（硬件、软件和实施服务）会成为成功的关键因素。同样地，强大的动态文档存储方案会成为私人内容 / 文档云部署的关键微分器。

1.4.3 大数据处理技术决定未来

近几年，大数据已经从大公司独有的流行词和概念变成了驱动我们数字生活发展的动力。下面是未来大数据的处理和发展的 5 个趋势。

1. 数据科学越来越大众化

随着像 Coursera、Udacity 和 Edx 等这些和数据分析相关的网络教育平台的流行，越来越多的人不用花一分钱便可以学到所有的知识，从基础的统计学知识到自然语言处理和机器学习。除了这个，Oxdata 化简和集成了 R 语言后推出的分析产品，Quid 正在做的具有机器学习和人工智能概念的工具也设计了傻瓜式的使用界面和形象具体的用户展示方法。更有像 Kaggle 这样的公司推出了关于预测模型的众包平台。所以大数据处理的趋势之一便是像 DataHero、Infogram 和 Statwing 他们一样，把数据分析变得易用和大众化。

2. Hadoop 对 MapReduce 的依赖越来越小

Hadoop 平台只为 MapReduce 服务的时代从 Hadoop 的 2.0 版本开始就正

式结束了。新版本支持的产品和服务将会和 Cloudera 的 Impala 一样，用一个 SQL 查询引擎，或者其他的方法来替代 MapReduce。HBase NoSQL 数据库就是 Hadoop 离开 MapReduce 约束后一个很好的例子。大型的网络公司，像 Facebook、eBay 等都已经用 HBase 去处理事务型的应用了。

3. 大数据越来越多地被用到身边的应用中

首先是大数据应用对开发者的要求变低了，有时候开发大数据应用就像在你的应用代码中加入几行，或者像是写一段脚本一样。其次，大数据的应用范围也得到了拓展，用户习惯分析、网络安全、人工智能、售后服务等都可以通过将大数据处理做成产品或者应用而实现，如图 1-5 所示。现在的大数据技术已经被带入了许多网络和手机的应用中，包括从购物推荐到找到和自己有关联的人。

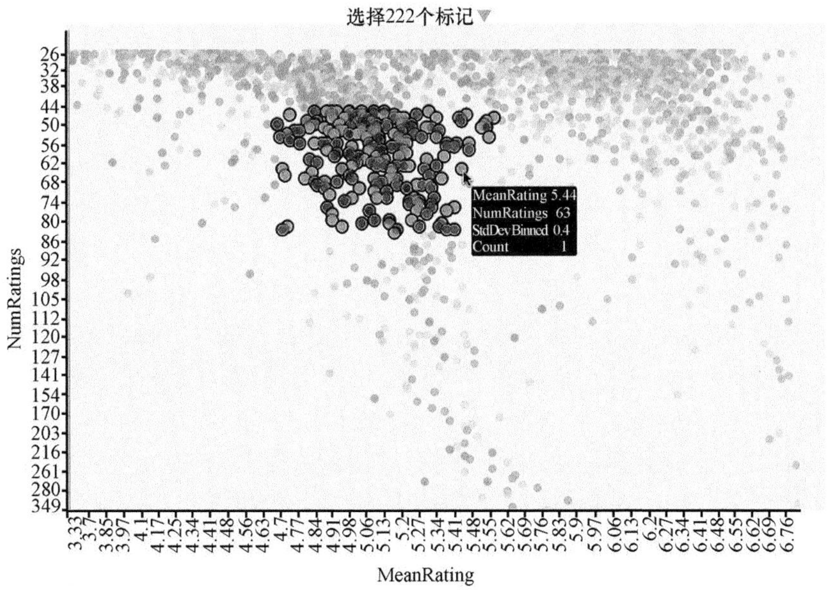

图 1-5 数据分析

4. 机器学习无处不在

很容易就可以看到机器学习（如图 1-6 所示）越来越流行，从我们身边的小应用 Prismatic、Summly、Trifacta、CloudFlare、Twitter、Google、Facebook、Bidgely、Healthrageous、Predilytics、BloomReach、DataPop、Gravity 等就可以看出。如今很难想象一个没有机器学习技术的科技公司可以生存。Heck 甚至是微软都在机器学习上下了很大赌注，机器学习将会成为一个重要的收入来源。

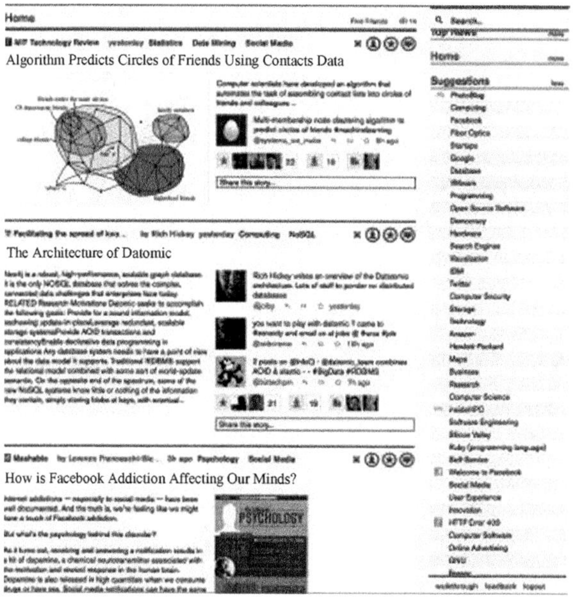

图 1-6　机器学习

5. 手机将成为人工智能的数据来源

目前，手机及其应用可能是我们最大的私人信息来源。通过机器学习、语音识别和其他一些技术，可以知道我们去哪儿、我们的朋友都是谁、我们的日历上都有哪些提醒、我们上网都浏览什么。通过新一代的私人助理应用（Siri、Saga 和 Google Now 等），我们的手机能够更理解我们的言论，知道我们经常出入的地方，我们平时吃什么，我们在家、工作和郊游的时间等。

大数据是一个涵盖多种技术的概念，简单地说，是指无法在一定时间内用常规软件工具对其内容进行抓取、管理和处理的数据集合。IBM 将大数据理念定义为 4 个 V，即大量化（Volume）、多样化（Variety）、快速化（Velocity）及由此产生的价值（Value）[5]。工业革命以后，书籍等以文字为载体的知识大约每 10 年翻一番；1970 年以后，大约每 3 年翻一番。

2010 年，互联网所产生的数据量比之前所有年份的总和还要多。据 IDC 研究报告，未来 10 年全球数据量将以 40%+ 的速度增长，2020 年全球数据量将达到 35 ZB，为 2009 年的 44 倍。在大数据时代，通过互联网、社交网络、物联网，人们能够及时、全面地获得海量信息；同时，信息自身存在形式的变化与演进，也使得作为信息载体的数据以远超人们想象的速度迅速膨胀。毋庸置疑，大数据是继互联网、云计算、物联网之后 IT 行业又一次翻天覆地的技术变革。

大数据技术将在未来三五年内进入主流。云时代的到来使得数据创造的主体由企业逐渐转向个体，而个体所产生的绝大部分数据为图片、文档、视频等非结构化数据。信息化技术的普及使得企业更多的办公流程通过网络得以实现，由此产生的数据也以非结构化数据为主。目前，非结构化数据已达到互联网整个数据量的75%以上。用于提取智慧的大数据，往往是这些非结构化数据。

传统的数据仓库系统、BI、链路挖掘等应用对数据处理的时间要求往往以小时或天为单位。但大数据应用突出强调数据处理的实时性。在线个性化推荐、股票交易处理、实时路况信息等数据处理时间要求在分钟甚至秒级。

数据将成为企业的核心资产。大数据的多样性决定了数据采集来源的复杂性，从智能传感器到社交网络数据，从声音、图片到在线交易数据，可能性是无穷无尽的。选择正确的数据来源并进行交叉分析可以为企业创造最显著的利益。

大数据不仅是一场技术变革，更是一场商业模式变革。在大数据概念提出之前，尽管互联网为传统企业提供了一个新的销售渠道，但总体来看，二者平行发展，鲜有交集。我们可以看到，无论是Google通过分析用户个人信息，根据用户偏好提供精准广告，还是Facebook将用户的线下社会关系迁移在线上，构造一个半真实的实名帝国，这些商业和消费模式仍不能脱离互联网，传统企业仍无法嫁接到互联网中。同时，传统企业通过传统的用户分析工具却很难获得大范围用户的真实需求。

1.4.4 大数据处理解决方案

1. Oracle 大数据的解决方案

Oracle提供了大数据软硬一体优化集成解决方案，其行业解决方案包括移动应用用户行为统计分析、基于日志和访问内容的用户画像、机顶盒用户使用习惯和精准营销、语义分析和搜索引擎实时处理、海量指纹识别以及人脸识别查询系统、分布式大数据存储和管理系统、海量历史数据分析平台、基于互联网的舆情监控系统等。大数据应用的硬件部分包括服务器、CPU、内存、磁盘空间和网络部分，软件部分包括Oracle Linux、Oracle JDK、Cloudera Hadoop分布、Cloudera管理、NoSQL数据库等。

2. IBM 在企业架构中实施大数据解决方案

IBM提供了全面的大数据解决方案，InfoSphere大数据分析平台包括BigInsights和Streams，Streams采用内存计算方式分析实时数据，可以动态地分析大规模的结构化和非结构化数据。BigInsights基于Hadoop，增加了文本分析、统计决策工具，同时在可靠性、安全性、易用性、管理性方面提供了工具，并且可与DB2、Netezza等集成，这使大数据平台更适合企业级应用。

BigInsights 文本分析工具包提供了开发工具、易于使用的文本分析语言以及易于应用的一组数据提取器，包含了类似 SQL 的注释查询语言（Annotator Query Language，AQL）。BigInsights 支持多种数据来源。

3. EMC 大数据解决方案

Greenplum 统一应用平台（UAP）结合 Greenplum DB 和 Greenplum Hadoop 为企业构建高效处理结构化、半结构化、非结构化数据的大数据分析平台。客户以此平台为基础利用 Greenplum 行业和数学统计方面的专家，充分挖掘自身数据价值，实现数据资产从成本中心到利润中心的转变，以数据驱动业务。EMC 联合 Informatica 推出的高性能数据分析方案（HPDA）利用 Informatica Ultra Message 产品，实时从用户的业务系统中进行数据抽取，通过流计算模式把业务数据处理结果写入 Greenplum DB。

4. 微软大数据解决方案

为帮助企业快速采用其大数据解决方案，Microsoft 将在 Microsoft Windows Azure 平台上提供基于云端的 Hadoop 服务，同时在 Windows Server 上提供基于本地的 Hadoop 版本。Hadoop 的丰富洞察可以与 Microsoft BI（Business Intelligence，商业智能）平台无缝结合，使客户能够借助熟悉的工具（如 Microsoft Office 和 SharePoint 等）以及公用的数据和服务来丰富他们的模型。Microsoft 的大数据解决方案还通过简单的部署以及与 Active Directory 和 System Center 等组件的集成，为 Hadoop 提供了 Microsoft Windows 的易用性和可管理性。

5. 英特尔大数据解决方案

尽管大数据给企业带来了诸多的挑战和难题，但其中所蕴含的商业价值也让企业“蠢蠢欲动”，同样，大数据的诞生也给诸多的 IT 设备和解决方案供应商带来了新的商机。

在诸多厂商进军大数据的背景下，英特尔也提出了基于英特尔的企业运营大数据方案。和以往一样，在英特尔所提出的大数据方案中，至强处理器将为大数据分析提供原动力。

英特尔还展示了其即将发行的 Hadoop 发行版——英特尔 Hadoop Manager 2.0。该 Hadoop 发行版着重对英特尔平台上的 Hadoop 进行了优化，企业可即时实施，安装、配置都非常简单。

6. 云创存储大数据解决方案

英特尔和南京云创存储科技有限公司在南京宣布，推出双方合作开发的数据立方云计算一体机。该一体机具有 PB 级数据存储、秒级数据处理的特点，能够应对云计算环境和大数据时代条件下的海量数据存储和查询、处理、分析带来的挑战。

参考文献

[1] [英]迈尔·舍恩伯格，[英]库克耶. 大数据时代[M]. 盛杨燕，周涛，译. 杭州：浙江人民出版社，2013.

[2] BREWER E. Towards robust distributed systems[R]. Keynote at the ACM Symposium on Principles of Distributed Computing (PODC) on 2000, 2000.

[3] LAMPORT L. Paxos made simple, fast, and byzantine [C]// OPODIS, 2002:7-9.

[4] LAMPORT L. The part-time parliament[J]. ACM Trans. Comput. Syst. (TOCS) , 1998,16(2): 133-169.

[5] LIPCON T. Design patterns for distributed non-relational Databases[R]. 2009.

第 2 章

当前的大数据处理系统

互联网的普及使行业应用系统产生的数据呈现出爆发式的增长，海量数据具有数量多、结构复杂等特点，但数据价值却极高。那么如何对海量数据加以分析处理，探索数据中的价值，是当前数据工作者需要面对的问题。本章主要介绍了当前主流的大数据处理系统，包括开源的大数据处理平台 Hadoop、分布式全局数据处理引擎 MapReduce、NoSQL 数据库（分布式数据库 HBase、Cassandra）和数据仓库平台 Hive。本章不仅详细阐述了当前大数据处理系统的技术原理、系统架构、功能模块和特点，而且通过实际的应用场景描述了技术的使用方式。

2.1 开源大数据处理平台

2.1.1 Hadoop

2.1.1.1 Hadoop 简介

Hadoop 是由 Doug Cutting（Apache Lucene 创始人）开发的且使用广泛的文本搜索库。Hadoop 起源于开源的网络搜索引擎 Apache Nutch，也是 Lucene 项目的一部分[1-3]。

Hadoop 不是一个缩写，而是一个虚构的名字。Doug Cutting 如此解释 Hadoop 的得名，"这个名字是我的孩子给一头吃饱了的棕黄色大象起的。我的命名标准就是简短、容易发音和拼写，没有太多的意义，并且不会被用于别处。小孩子是这方面的高手。Googol 就是由小孩子命名的。" Hadoop 及其子项目和后继模块所使用的名字往往也与其功能不相关，经常用一头大象或其他动物主题来命名，例如 Pig。各个组成的部分则用描述性（因此也更俗）名称命名，这样就可以从其名字猜测其功能，例如，JobTracker 的任务就是跟踪 MapReduce

作业。

从头开始构建一个网络搜索引擎是一个雄心勃勃的目标，不只是要编写一个复杂的、能够抓取和索引网站的软件，还需要面临没有专有运行团队支持运行它的挑战，因为它有很多独立部件。据 Mike Cafarella 和 Doug Cutting 估计，一个支持 10 亿页的索引需要价值约 50 万美元的硬件投入，每月运行费用还需要 3 万美元。不过，他们相信这是一个有价值的目标，因为这会开放并最终使搜索引擎算法普及化。

Nutch 项目开始于 2002 年，一个可工作的抓取工具和搜索系统很快浮出水面。但他们意识到，该架构无法扩展到拥有数十亿网页的网络。在 2003 年发表的一篇描述 GFS 的论文为他们提供了及时的帮助，文中称 Google 正在使用此文件系统。GFS 或类似的东西可以解决他们在网络抓取和索引过程中产生的大量文件存储需求。具体而言，GFS 会省掉管理所花的时间，如管理存储节点。在 2004 年，他们开始开发一个开放源码的应用，即 Nutch 的分布式文件系统（NDFS）。

2004 年，Google 发表了论文，向全世界介绍了 MapReduce。2005 年初，Nutch 的开发者在 Nutch 上有了一个可工作的 MapReduce 应用，到 2005 年中，所有主要的 Nutch 算法被移植到 MapReduce 和 NDFS 来运行。Nutch 中 NDFS 和 MapReduce 实现的应用远不只是搜索领域，2006 年 2 月，他们从 Nutch 转移出来成为一个独立的 Lucene 子项目，称为 Hadoop。大约在同一时间，Doug Cutting 加入雅虎，雅虎提供一个专门的团队和资源将 Hadoop 发展成一个可在网络上运行的系统。2008 年 2 月，雅虎宣布其搜索引擎产品部署在一个拥有 1 万个内核的 Hadoop 集群上。

2008 年 1 月，Hadoop 已成为 Apache 顶级项目，它被证明是成功的，是一个多样化、活跃的社区。通过这次机会，Hadoop 成功地被雅虎之外的很多公司应用，如 Last.fm、Facebook 和《纽约时报》。其中，《纽约时报》使用亚马逊的 EC2 云计算将 4 TB 的报纸扫描文档压缩，转换为用于 Web 的 PDF 文件。这个过程历时不到 24 h，使用 100 台机器运行，如果不结合亚马逊按小时付费的模式（即允许《纽约时报》在很短的一段时间内访问大量机器）和 Hadoop 易于使用的并行程序设计模型，该项目很可能不会这么快开始启动。

2008 年 4 月，Hadoop 打破世界纪录，成为最快排序 1 TB 数据的系统。运行在一个 910 节点的群集，Hadoop 在 209 s 内排序了 1 TB 的数据，击败了 2007 年的 297 s 冠军。同年 11 月，Google 在报告中声称，其 MapReduce 实现执行 1 TB 数据的排序只用了 68 s。在 2009 年 5 月，有报道宣称雅虎的团队使用 Hadoop 对 1 TB 的数据进行排序只花了 62 s。

2.1.1.2 Hadoop 优点

Hadoop 是一个能够让用户轻松架构和使用的分布式计算平台。用户可以轻松地在 Hadoop 上开发和运行处理海量数据的应用程序。它主要有以下几种优点。

① 高可靠性。Hadoop 按位存储和处理数据的能力值得人们信赖。

② 高扩展性。Hadoop 在可用的计算机集簇间分配数据并完成计算任务，这些集簇可以方便地扩展到数以千计的节点中。

③ 高效性。Hadoop 能够在节点之间动态地移动数据，并保证各个节点的动态平衡，因此处理速度非常快。

④ 高容错性。Hadoop 能够自动保存数据的多个副本，并且能够自动将失败的任务重新分配。

⑤ 低成本。与一体机、商用数据仓库以及 QlikView、Yonghong Z-Suite 等数据集市相比，Hadoop 是开源的，项目的软件成本因此会大大降低。

⑥ Hadoop 带有用 Java 语言编写的框架，因此运行在 Linux 生产平台上是非常理想的。Hadoop 上的应用程序也可以使用其他语言编写，如 C++。

2.1.1.3 Hadoop 大数据处理的意义

Hadoop 能够在大数据处理应用中被广泛应用，得益于其自身在数据提取、变形和加载（Extract Transform Load，ETL）方面上的天然优势。Hadoop 的分布式架构，将大数据处理引擎尽可能地靠近存储，对像 ETL 这样的批处理操作相对合适，因为类似这样操作的批处理结果可以直接走向存储。Hadoop 的 MapReduce 功能可以将单个任务打碎，并将碎片任务（Map）发送到多个节点上，之后再以单个数据集的形式加载（Reduce）到数据仓库里。

2.1.1.4 Hadoop 架构

Hadoop 由许多元素构成。其最底部是 Hadoop 分布式文件系统（Hadoop Distributed File System，HDFS），它可以将 Hadoop 集群中所有存储节点上的文件 [4] 进行存储。HDFS 的上一层是 MapReduce 引擎，该引擎由 JobTrackers 和 TaskTrackers 组成。通过对 Hadoop 分布式计算平台最核心的 HDFS、MapReduce 进行的处理，以及对数据仓库工具 Hive 和分布式数据库 HBase 的介绍，基本涵盖了 Hadoop 分布式平台的技术核心。

2.1.1.5 HDFS

对外部客户机而言，HDFS 就像一个传统的分级文件系统，可以创建、删除、移动或重命名文件等。但是 HDFS 的架构是基于一组特定的节点构建的，这是由它自身的特点决定的。这些节点包括 NameNode，它在 HDFS 内部提供元数据服务；DataNode 为 HDFS 提供存储块。NameNode 仅存在一个，因此这也是 HDFS 的一个缺点（单点失败）。

存储在 HDFS 中的文件被分成块，然后将这些块复制到多个计算机中（DataNode）。这与传统的 RAID 架构大不相同。块的大小（通常为 64 MB）和复制的块数量在创建文件时由客户机决定。NameNode 可以控制所有文件操作。HDFS 内部的所有通信都基于标准的 TCP/IP。

1. NameNode

NameNode 是一个通常在 HDFS 实例中单独机器上运行的软件。它负责管理文件系统名称空间和控制外部客户机的访问。NameNode 决定是否将文件映射到 DataNode 上的复制块上。对于最常见的 3 个复制块，第一个复制块存储在同一机架的不同节点上，最后一个复制块存储在不同机架的某个节点上。

实际的 I/O 事务并没有经过 NameNode，只表示 DataNode 和块的文件映射元数据经过 NameNode。当外部客户机发送请求要求创建文件时，NameNode 会以块标识和该块第一个副本的 DataNode IP 地址作为响应。这个 NameNode 还会通知其他将要接收该块副本的 DataNode。

NameNode 在一个称为 FsImage 的文件中存储所有关于文件系统名称空间的信息。这个文件和一个包含所有事务的记录文件（这里是 EditLog）将存储在 NameNode 的本地文件系统上。FsImage 和 EditLog 文件也需要复制副本，以防文件损坏或 NameNode 系统丢失。

NameNode 本身不可避免地具有单点失效（Single Point of Failure，SPOF）的风险，主备模式并不能解决这种问题，通过 HadoopNon-Stop NameNode 才能实现 100% Uptime 可用时间。

2. DataNode

DataNode 也是一个通常在 HDFS 实例中单独机器上运行的软件。Hadoop 集群包含一个 NameNode 和大量 DataNode。DataNode 通常是机架的组织形式，机架通过一个交换机将所有系统连接起来。Hadoop 的一个假设是：机架内部节点之间的传输速度快于机架间节点的传输速度。

DataNode 响应来自 HDFS 客户机的读写请求。它们还响应来自 NameNode 的创建、删除和复制块命令。NameNode 依赖来自每个 DataNode 的定期心跳（Heartbeat）消息。每条消息都包含一个块报告，NameNode 可以根据这个报告验证块映射和其他文件系统元数据。如果 DataNode 不能发送心跳消息，NameNode 将采取修复措施，重新复制在该节点上丢失的块。

2.1.1.6 文件操作

可见，HDFS 并不是一个万能的文件系统。它的主要目的是支持以流的形式访问写入的大型文件。

如果客户机想将文件写到 HDFS 上，首先需要将该文件缓存到本地的临时存储。如果缓存的数据大于所需的 HDFS 块大小，创建文件的请求将发送给 NameNode。NameNode 将以 DataNode 标识和目标块响应客户机。

同时，也通知将要保存文件块副本的 DataNode。当客户机开始将临时文件发送给第一个 DataNode 时，将立即通过管道方式将块内容转发给副本 DataNode。客户机也负责创建保存在相同 HDFS 名称空间中的校验和（Checksum）文件。

在最后的文件块发送之后，NameNode 将文件创建提交到它的持久化元数据存储（在 EditLog 和 FsImage 文件）。

2.1.2 MapReduce

MapReduce 是一种编程模型，用于大规模数据集（大于 1 TB）的并行运算。Map（映射）和 Reduce（归约）概念及其主要思想，都是从函数式编程语言里借来的，还有从矢量编程语言里借来的特性。它极大地方便了编程人员在不会分布式并行编程的情况下，将自己的程序运行在分布式系统上[5]。

当前的软件实现是指定一个 Map 函数，用来把一组键值对映射成一组新的键值对，指定并发的 Reduce 函数，用来保证所有映射的键值对中每一个共享相同的键组。

2.1.2.1 MapReduce 分布可靠

MapReduce 通过把对数据集的大规模操作分发给网络上的每个节点以实现可靠性；每个节点会周期性地返回它所完成的工作和最新的状态。如果一个节点保持沉默超过一个预设的时间间隔，主节点（类同 GFS 中的主服务器）记录下这个节点状态为死亡，并把分配给这个节点的数据发到别的节点。每个操作使用命名文件的原子操作以确保不会发生并行线程间的冲突；当文件被改名的时候，系统可能会把他们复制到任务名以外的另一个名字上（避免副作用）。

化简操作工作方式与之类似，但是由于化简操作的可并行性相对较差，主节点会尽量把化简操作只分配在一个节点上，或者离需要操作的数据尽可能近的节点上。这个特性可以满足 Google 的需求，因为他们有足够的带宽，且他们的内部网络没有那么多的机器。

2.1.2.2　MapReduce 用途

在 Google，MapReduce 用在非常广泛的应用程序中，包括分布 GREP、分布排序、Web 连接图反转、每台机器的词矢量、Web 访问日志分析、反向索引构建、文档聚类、机器学习、基于统计的机器翻译等。值得注意的是，MapReduce 实现以后，它被用来重新生成 Google 的整个索引，并取代老的 Ad hoc 程序来更新索引[5]。

MapReduce 会生成大量的临时文件，为了提高效率，它利用 Google 文件系统来管理和访问这些文件。

在 Google，超过 1 万个不同的项目已经采用 MapReduce 来实现，包括大规模的算法图形处理、文字处理、数据挖掘、机器学习、统计机器翻译以及众多其他领域。

2.1.2.3　Map 函数和 Reduce 函数

Map 函数和 Reduce 函数是交给用户实现的，这两个函数定义了任务本身。

Map 函数：接收一个键值对（Key-Value Pair），产生一组中间键值对。MapReduce 框架会将 Map 函数产生的中间键值对里键相同的值传递给一个 Reduce 函数。

Reduce 函数：接收一个键以及相关的一组值，将这组值进行合并产生一组规模更小的值（通常只有一个或零个值）。

统计词频的 MapReduce 函数核心代码非常简短，主要就是实现这两个函数。

```
map(String key, String value):
// key: document name
// value: document contents
for each word w in value:
EmitIntermediate(w, "1");
reduce(String key, Iterator values):
// key: a word
// values: a list of counts
int result = 0;
for each v in values:
result += ParseInt(v);
Emit(AsString(result));
```

在统计词频的例子里，Map 函数接收的键是文件名，值是文件的内容，

Map 逐个遍历单词，每遇到一个单词 w，就产生一个中间键值对 <w，"1">，这表示又找到了一个单词 w；MapReduce 将键相同（都是单词 w）的键值对传给 Reduce 函数，这样 Reduce 函数接收的键就是单词 w，值是一串“1”（最基本的实现是这样，但可以优化），个数等于键为 w 的键值对个数，然后将这些“1”累加就得到单词 w 的出现次数。最后这些单词的出现次数会被写到用户定义的位置，存储在底层的分布式存储系统（GFS 或 HDFS）。

2.1.2.4 MapReduce 工作原理

MapReduce 的工作原理如下。

① MapReduce 库先把 User Program 的输入文件划分为 *M* 份（*M* 由用户定义），每一份通常有 16 ~ 64 MB，然后使用 Fork 将用户进程复制到集群内其他机器上。

② User Program 的副本中有一个称为 Master，其余称为 Worker，Master 负责调度，为空闲 Worker 分配作业（Map 作业或者 Reduce 作业），Worker 的数量也可以由用户指定。

③ 被分配了 Map 作业的 Worker，开始读取对应分片的输入数据，Map 作业数量是由 *M* 决定的，与 Split 一一对应；Map 作业从输入数据中抽取出键值对，每一个键值对都作为参数传递给 Map 函数，Map 函数产生的中间键值对被缓存在内存中。

④ 缓存的中间键值对会被定期地写入本地磁盘，而且被分为 *R* 个区，*R* 的大小由用户定义，将来每个区会对应一个 Reduce 作业；这些中间键值对的位置会被通报给 Master，Master 负责将信息转发给 Reduce Worker。

⑤ Master 通知分配了 Reduce 作业的 Worker 负责的分区在什么位置（不止一个地方，每个 Map 作业产生的中间键值对都可能映射到所有 *R* 个不同分区），当 Reduce Worker 把所有其负责的中间键值对都读过来后，先对它们进行排序，确保相同键的键值对聚集在一起。因为不同的键可能会映射到同一个分区，也就是同一个 Reduce 作业，所以排序是必需的。

⑥ Reduce Worker 遍历排序后的中间键值对，对于每个唯一的键，都将键与关联的值传递给 Reduce 函数，Reduce 函数产生的输出会添加到这个分区的输出文件中。

⑦ 当所有的 Map 和 Reduce 作业都完成了，Master 唤醒 User Program，MapReduce 函数调用返回 User Program 的代码。

所有执行完毕后，MapReduce 的输出放在 *R* 个分区的输出文件中（分别对应一个 Reduce 作业）。用户通常并不需要合并这 *R* 个文件，而是将其作为输入交给另一个 MapReduce 程序处理。整个过程中，输入数据来自底层 GFS，中间数据放在本地文件系统，最终输出数据写入 GFS。要注意 Map/Reduce 作业和 Map/Reduce 函数的区别：Map 作业处理一个输入数据的分片，可能需要调用多次 Map 函数来处理每个输入键值对；Reduce 作业处理一个分区的中间键值对，期间要对每个不同的键调用一次 Reduce 函数，Reduce 作业最终也对应一个输出文件。

2.2 NoSQL 数据库

2.2.1 Google BigTable 的开源 Java 实现：HBase

2.2.1.1 HBase 简介

HBase（Hadoop Database，Hadoop 数据库）是一个分布式的、面向列的开源数据库，该技术来源于 Fay Chang 所撰写的 Google 论文“BigTable：一个结构化数据的分布式存储系统”[3]。就像 BigTable 利用 Google 文件系统所提供的分布式数据存储一样，HBase 在 Hadoop 之上提供了类似 BigTable 的能力。HBase 是 Hadoop 项目的子项目。HBase 不同于一般的关系数据库，它是一个适合于非结构化数据存储的数据库；另一个不同是 HBase 基于列的而不是基于行的模式[4-6]。

HBase 是一个高可靠性、高性能、面向列、可伸缩的分布式存储系统，利用 HBase 技术可在廉价 PC Server 上搭建起大规模结构化存储集群。

与 Fujitsu Cliq 等商用大数据产品不同，HBase 是 Google BigTable 的开源实现，类似 Google BigTable 利用 GFS 作为其文件存储系统，HBase 利用 Hadoop HDFS 作为其文件存储系统；Google 运行 MapReduce 来处理 BigTable 中的海量数据，HBase 同样利用 Hadoop MapReduce 来处理其中的海量数据；Google BigTable 利用 Chubby 作为协同服务，HBase 利用 ZooKeeper 作为对应。

此外，Pig 和 Hive 还为 HBase 提供了高层语言支持，使在 HBase 上进行数据统计处理变得非常简单。Sqoop 则为 HBase 提供了方便的 RDBMS 数据导入功能，使传统数据库数据向 HBase 中迁移变得非常方便。

2.2.1.2 访问接口

访问接口有如下几个。

① Native Java API，是最常规和高效的访问方式，适合 Hadoop MapReduce Job 并行批处理 HBase 表数据。

② HBase Shell，是 HBase 的命令行工具，最简单的接口，适合 HBase 管理使用。

③ Thrift Gateway，利用 Thrift 序列化技术，支持 C++、PHP、Python 等多种语言，适合其他异构系统在线访问 HBase 表数据。

④ REST Gateway，支持 REST 风格的 HTTP API 访问 HBase，解除了语言限制。

⑤ Pig，可以使用 Pig Latin 流式编程语言来操作 HBase 中的数据，和 Hive 类似，本质最终也是编译成 MapReduce Job 来处理 HBase 中的数据，适合做数据统计。

⑥ Hive，当前 Hive 的 Release 版本尚没有加入对 HBase 的支持，但在下一个版本 Hive 0.7.0 中将会支持 HBase，可以使用类似 SQL 语言来访问 HBase。

2.2.1.3 HBase 系统架构

HBase Client 使用 HBase 的 RPC 机制与 HMaster 和 HRegionServer 进行通信。对于管理类操作，Client 与 HMaster 进行 RPC；对于数据读写类操作，Client 与 HRegionServer 进行 RPC。

1．ZooKeeper

ZooKeeper Quorum 中除了存储了 Root 表的地址和 HMaster 的地址，HRegion-Server 也会把自己以 Ephemeral 的方式注册到 ZooKeeper 中，使得 HMaster 可以随时感知各个 HRegionServer 的健康状态。此外，ZooKeeper 也避免了 HMaster 的单点问题。

2．HMaster

HMaster 没有单点问题，HBase 中可以启动多个 HMaster，通过 ZooKeeper 的 Master Election 机制以保证总有一个 Master 运行，HMaster 在功能上主要负责 Table 和 Region 的管理工作。

① 管理用户对 Table 的增、删、改、查操作。

② 管理 HRegionServer 的负载均衡，调整 Region 分布。

③ 在 Region Split 后，负责新 Region 的分配。

④ 在 HRegionServer 停机后，负责失效 HRegionServer 上的 Region 迁移。

3. HRegionServer

HRegionServer 主要负责响应用户 I/O 请求，向 HDFS 文件系统中读写数据，是 HBase 中最核心的模块。

HRegionServer 内部管理一系列 HRegion 对象，每个 HRegion 对应 Table 中的一个 Region，HRegion 中由多个 HStore 组成。每个 HStore 对应 Table 中一个 Column Family 的存储，可以看出，每个 Column Family 其实就是一个集中的存储单元，因此最好将具备共同 I/O 特性的 Column 放在一个 Column Family 中，这样最高效。

HStore 存储是 HBase 存储的核心，其中由两部分组成：一部分是 MemStore，另一部分是 StoreFile。MemStore 是 Sorted Memory Buffer，用户写入的数据首先会放入 MemStore，当 MemStore 满了以后会 Flush 成一个 StoreFile（底层实现是 HFile），当 StoreFile 文件数量增长到一定阈值时，会触发 Compact 合并操作，将多个 StoreFile 合并成一个 StoreFile，合并过程中会进行版本合并和数据删除，因此可以看出 HBase 其实只有增加数据，所有的更新和删除操作都在后续的 Compact 过程中进行，这使得用户的写操作只要进入内存中就可以立即返回，保证了 HBase I/O 的高性能。当 StoreFile Compact 后，会逐步形成越来越大的 StoreFile，当单个 StoreFile 大小超过一定阈值后，会触发 Split 操作，同时把当前 Region Split 成两个 Region，父 Region 会下线，新 Split 出的两个子 Region 会被 HMaster 分配到相应的 HRegionServer 上，使得原先一个 Region 的压力得以分流到两个 Region 上。

在理解了上述 HStore 的基本原理后，还必须了解一下 HLog 的功能，因为上述的 HStore 在系统正常工作的前提下是没有问题的；但是在分布式系统环境中，无法避免系统出错或者宕机。因此，一旦 HRegionServer 意外退出，MemStore 中的内存数据将会丢失，这就需要引入 HLog。每个 HRegionServer 中都有一个 HLog 对象，HLog 是一个实现 Write Ahead Log 的类，在每次用户操作写入 MemStore 的同时，也会写一份数据到 HLog 文件中（HLog 文件格式见后续），HLog 文件定期会滚动出新的，并删除旧的文件（已持久化到 StoreFile 中的数据）。当 HRegionServer 意外终止后，HMaster 会通过 ZooKeeper 感知到，HMaster 首先会处理遗留的 HLog 文件，将其中不同 Region 的 Log 数据进行拆分，分别放到相应 Region 的目录下，然后再将失效的 Region 重新分配，领取到这些 Region 的 HRegionServer 在 Load Region 的过程中，会发现有历史 HLog 需要处理，因此会 Replay HLog 中的数据到 MemStore 中，然后 Flush 到 StoreFile，完成数据恢复。

2.2.2 纯分布式数据库：Cassandra

2.2.2.1 Cassandra 简介

Cassandra 的名称来源于希腊神话，是特洛伊一位悲剧性女先知的名字，项目的商标是一只放光的眼睛。Cassandra 是一套开源分布式 NoSQL 数据库系统。Apache Cassandra 最初由 Facebook 开发，用于存储收件箱等简单格式数据，Face-book 于 2008 年将 Cassandra 开源化，由于良好的可扩放性，Cassandra 成了一种流行的分布式结构化数据存储方案。

2.2.2.2 Cassandra 的特点

（1）模式灵活

使用 Cassandra，像文档存储，不必提前解决记录中的字段。可以在系统运行时随意地添加或移除字段。这是一个惊人的效率提升，特别是在大型部署中。

（2）真正的可扩展性

Cassandra 是纯粹意义上的水平扩展。为给集群添加更多容量，可以指向另一台电脑。不必重启任何进程，改变应用查询或手动迁移任何数据。

（3）多数据中心识别

可以调整节点布局来避免某一个数据中心因发生灾难事故而导致数据丢失，因为备用的数据中心将至少有每条记录的完全复制。

Cassandra 是一个混合型的、非关系的数据库，类似于 Google 的 BigTable。其主要功能比 Dynomite 更丰富，但支持度却不如文档存储 MongoDB。Cassandra 以亚马逊专有的、完全分布式的亚马逊 Dynamo 为基础，结合了 Google BigTable 基于列族的数据模型。P2P 去中心化的存储，很多方面都可以称为 Dynamo 2.0。Cassandra 目标是在几百个基础节点上运行（可能分布在不同的数据中心）。在这个规模上，大大小小的组件经常失效。Cassandra 对这些失败持久状态的管理促使软件系统的可靠性和扩展性依赖这一服务。虽然 Cassandra 在许多方面类似于一个数据库，并且共享很多设计和相关的实现策略，但 Cassandra 并不支持完整的关系数据模型；相反，它为客户提供了一个支持动态控制数据布局并且格式简单的数据模型。Cassandra 系统的设计目标是：运行在廉价商业硬件上，高写入吞吐量处理，同时又不用以牺牲读取效率为代价。

Cassandra 的基因来自于 BigTable 和 Dynamo，而 BigTable 和 Dynamo 都是基于著名的 Eric Brewer 的 CAP 理论设计的。Brewer 的 CAP 理论认

为，在一个共享数据系统（数据分布式存储）里，最多只能获得数据一致性（Consistency）、数据可用性（Availability）、分区容忍性（Partition Tolerance）中的两个特性。

一致性指的是当一个写操作完成后，后续的读操作都能够读到更新后的数据。

可用性指的是当某些存储节点失效时，客户端发起的读写请求仍然能够获取正确的响应，读写操作仍然有效。

分区容忍性指的是存储节点之间的网络连接断开后，存储系统仍然能够进行正常的读写操作，即系统对节点连接断开是能够容忍的。

2.2.3　NoSQL 数据库的应用场景

NoSQL 数据库的应用场景有以下几个方面。

① 复杂事物。如果不能承受数据丢失的风险或者想要一个简单的事务编程模型，可以选择关系数据库和网格数据库。

② 扩展性。NoSQL 或 SQL 皆可，目标产品要支持水平扩展、分区、在线增减硬件、负载均衡、自动分片、数据平衡和容错等特性。

③ 追求高可用性。可用 BigTable 类型等支持最终一致性的数据库。

④ 需要处理长期的快速读写。可以选择文档数据库、Key-Value 数据库或者内存数据库，还可以考虑 SSD。

⑤ 要实现社会化网络，第一选择应该是图数据库，第二选择是像 Riak 这样支持关系的数据库。一个支持简单 SQL Join 操作的内存关系数据库能够处理数据量不大的情况。Redis' Set 和 List 操作就是这样。

⑥ 需要不同的访问方式和数据类型的话，可以看看文档数据库，它们在这方面很灵活。

⑦ 大数据量的离线分析首先应该考虑 Hadoop，其次是其他支持 MapReduce 的产品。当然，支持 MapReduce 与擅长 MapReduce 处理不是一回事。

⑧ 如需跨越多个数据中心，可选用基于 BigTable 模型的产品或其分布式的，能解决时延问题、分区容错性问题的产品。

⑨ CRUD 类型的应用可以考虑文档数据库，这样不需要 Join 就可访问复杂的数据结构。

⑩ 需要 Lists、Sets、Queues、Publish-Subscribe 等数据结构的话，可以考虑 Redis，它的分布式锁等特性也非常有用。

⑪ 编程友好。如果要使用 JSON、HTTP、REST、JavaScript 等程序员喜欢的数据类型，第一选择就是文档数据库和 Key-Value 数据库。

⑫ 用于实时事务处理的物化视图。可以考虑 VoltDB，非常适合于快速处理大量事务。

⑬ 要记录连续的大量数据，又对一致性无太高要求的，可以选择 BigTable 类型数据库，因为它工作在分布式文件系统上，可以处理大规模的写入请求。

⑭ 需要尽可能使用简单。可以选择 PssS 方案。

⑮ 易于变化。要选择支持动态 Schema 的文档数据库和 Key-Value 数据库，它支持可选域。

2.3 数据仓库平台

2.3.1 Hive

Hive 是一个基于 Hadoop 的数据仓库。Hive 使用 Hadoop HDFS 作为数据存储层；提供类似 SQL 的 HQL，通过 Hadoop MapReduce 完成数据计算；通过 HQL 提供使用者部分传统 RDBMS 一样的表格查询特性和分布式存储计算特性。

2.3.2 数据仓库平台架构

数据仓库平台使用语言一般有 DDL（Data Definition Language，数据定义语言）和 DML（Data Manipulation Language，数据操作语言）两种。Hive 采用 DDL 方式和少量 DML 方式，类似 SQL；Pig 使用 DML 方式。

DDL 可以对表、视图、分区分别进行创建、修改、删除操作。

DML 可以通过 Insert Overwrite 方式来插入数据。

（1）Hive 示例

加载：

```
load data local input'/logs/urls.txt' into table urls partition( ds='2010-01-01' )
```

写入：

```
INSERT OVERWRITE TABLE
```

结果操作：

```
SELECT category, AVG( pagerank ) FROM urls WHERE pagerank > 0.2 GROUP BY category
```

（2）Pig 示例

加载：

```
urls = LOAD'/logs/urls.txt'USING myLoad() AS (category,pagerank)
```

操作：

```
good_urls = FILTER urls BY pagerank>0.2;
groups = GROUP good_urls BY category;
output = FOREACH groups GENERATE category, AVG(good_urls.pagerank);
```

写入：

```
STORE output INTO 'myoutput' USING myStore()
```

Hive 中使用自定义 Map-Reduce：

```
FROM (FROM pv_users MAP pv_users.userid, pv_users.date USING 'map_script' AS dt, uid CLUSTER BY dt) map_output INSERT OVERWRITE TABLE pv_users_reduced REDUCE map_output.dt, map_output.uid USING 'reduce_script' AS date, count.
```

2.3.3　数据仓库平台的实现

1．**元数据**

Hive 的元数据（Metadata）存储在传统的 RDBMS 中，现在为 MySQL 中。采用 JDO（JPOX）。

原因：访问这些 Metadata，我们想要很低的时延，而存在 HDFS 中是无法满足的（元数据对 Hive 是相当重要的，因此一般要求有备份机制）。

使用：元数据是在 HQL 语句编译时被生成一个 XML 文件（包含此次编译所有需要的元数据信息）存储在 HDFS 中，在运行 MapReduce 时被传递给 Mapper 和 Reducer。

2．**存储格式**

Hive 允许多种 On-Disk 格式（可自定义）。

① File Format：Row-based、Column-based、Block-based。

② Raw Format：Text-based、Binary-based、Custom-based。

③ Index Format。

多种 In-Memory 格式（可自定义）：Integer、LazyInteger、String、Text。

参考文献

[1] What is apache Hadoop[EB]. 2015.

[2] 曹羽中 . 用 Hadoop 进行分布式并行编程，第 1 部分 [EB]. 2008.

[3] Apache HBase Team. Apache HBase reference guide[EB]. 2015.

[4] 刘鹏 . 实战 Hadoop：开启通向云计算的捷径 [M]. 北京：电子工业出版社，2011.

[5] Daidodo. HBase architecture 译文 [EB]. 2008.

[6] 刘鹏 . 云计算 [M]. 北京：电子工业出版社，2010.

第3章 数据立方简介

本章主要介绍了数据立方系统，从当前各行业应用需求出发解读了数据立方的产生背景；从云计算中的大数据处理技术、并行数据库技术、云计算与数据库相结合的技术等角度出发讲解了数据立方的相关技术；尤其是以数据立方的架构为出发点，介绍了数据立方的体系架构、各功能模块及其与Hadoop的关系。

3.1 数据立方的产生背景

近年来，随着计算机技术的发展，各领域数据的增长越来越快。这些数据来自方方面面，从收集天气情况的感测器、接入社交媒体网站的指令、数码图片、在线的视频资料，到网络购物的交易记录、手机的全球定位系统信号等。随着数据规模的急剧膨胀，各行业累积的数据量越来越巨大，数据类型也越来越多、越来越复杂，已经超越了传统数据管理系统、处理模式的能力范围，传统的串行数据库系统已经难以适应这种飞速增长的应用需求。在这种需求的驱动下，云计算中的 MapReduce 技术、并行数据库技术以及云计算与数据库相结合的技术应运而生。

3.2 数据立方的相关技术

3.2.1 云计算中的大数据处理技术——MapReduce

MapReduce 计算架构把运行在大规模集群上的并行计算过程简单抽象为两

个函数：Map 和 Reduce。简单地说，MapReduce 就是任务的分解与结果的汇总。程序将大数据分解为多个数据块由 Map 函数处理，Reduce 把分解后多任务处理产生的中间结果汇总起来，得到最终的结果。适合 MapReduce 处理的任务特征为：待处理的大规模数据集可以切分为多个小的数据集，并且每一个小数据集都可以完全并行地进行处理。

图 3-1 介绍了用 MapReduce 处理大数据集的过程。一个 MapReduce 操作分为两个阶段：Map 阶段和 Reduce 阶段。

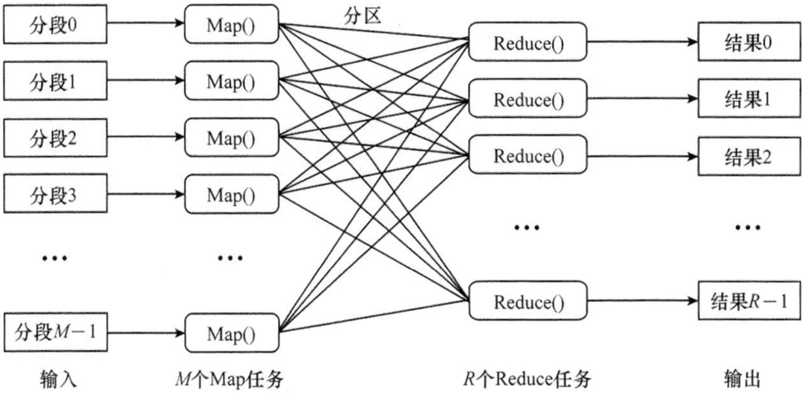

图 3-1　MapReduce 处理大数据集的过程

在映射阶段，MapReduce 并行计算架构将用户的输入数据切分为 M 个数据段，每个数据段对应 1 个 Map 任务。每一个 Map 函数的输入是数据段中的键值对 <K1，V1> 集合，Map 函数是基于用户继承 MapReduce 并行计算架构而编写的，Map 操作调用此函数，输出一组中间结果，即键值对 <K2，V2> 集合。接下来，按照中间结果集合的 K2 将中间结果集进行排序，生成一个新的 <K2，List(V2)> 集合，使得对应同一个 K2 的所有值的数据都聚集在一起。然后，按照K2的范围将这些元组分割为 R 个片断，对应Reduce任务的数目。在规约阶段，每一个 Reduce 操作的输入是一个 <K2，List(V2)> 片断，Reduce 操作调用用户定义的 Reduce 函数，生成用户需要的键值对 <K3，V3> 进行输出。

这种简洁的并行计算模型在系统层面解决了可用性、扩展性、容错性等问题，是非关系数据管理和分析技术的典型代表。MapReduce 是面向廉价计算机组成的大规模集群设计的，其非共享结构、松耦合性和较强的容错能力带来了较强的扩展能力。同时，MapReduce 在工业界被广泛应用，Google、Twitter、Facebook、雅虎等厂商对其进行了深度的改进和扩展。此外，MapReduce 的 <Key，Value> 存储模型能够存储任意格式的数据，Map 和 Reduce 函数可以进行各种复杂的数据处理，这也使程序员的负担加重，在对上层业务的开发效率上不如 SQL 简单。在相同的硬件条件下，对于有具体条件的查询来说，并行数据库的性能是远远超过 MapReduce 的；但是对于在大数据上的复杂统计业务来说，MapReduce 在速度上会占有一定优势，MapReduce 是为非结构化大数据的复杂处理而设计的，这些业务具有一次性处理的特点。此外由于采取了全数据扫描的模式以及对中间结果逐步汇总的策略，因而在拥有良好扩展能力和容错能力的同时，也导致了较高的磁盘和网络 I/O 的负载以及较高的数据解析代价[1]。

3.2.2 并行数据库技术

在 20 世纪 80 年代，数据库流行的同时并行数据库也开始发起，早期并行数据库（如 Gamma 和 Grace）的基础架构被沿用至今，当前的并行数据库主要有 Oracle 的 Exdata、EMC 的 Greenplum、Teradata，这些数据库都支持标准 SQL。并行数据库一般可以分为 Shared-Nothing 和 Shared-Disk 两种存储架构，如图 3-2 所示。这两种架构有各自的优缺点，在 Shared-Nothing 系统中，数据集被切分为多个子集，集群中每个节点分别存储一个子集在本地磁盘上。一般来说，Shared-Nothing 系统可以提供较高的并行 I/O 和并行计算能力，但是也有多节点事务处理、数据传输以及数据倾斜等问题。在 Shared-Disk 系统中，数据被集中存储，所有的数据库节点都可以访问存储系统的任意一个磁盘，因此，数据也没有必要被切分，这也避免了数据倾斜的问题，这种系统主要的缺陷在于较低的 I/O 带宽和扩展能力。

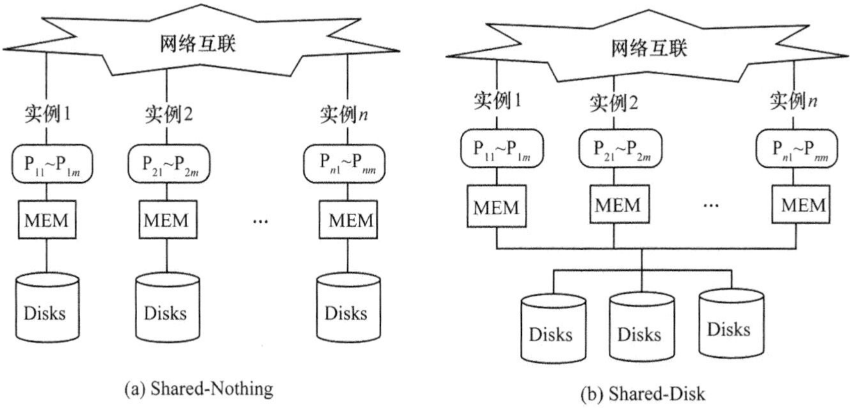

图 3-2 Shared-Nothing 和 Shared-Disk 存储架构

3.2.3 云计算与数据库相结合的技术

与数据库相结合的云计算技术一般指的是 MapReduce 技术，当前主要有 Teradata 公司的 Aster Data 和美国耶鲁大学提出的 HadoopDB[2-3]。

Aster Data 将 MapReduce 与 SQL 引擎相结合，针对大数据处理和分析提出了 SQL/MapReduce 框架，用户可以使用 Java、C++ 等多种语言在 Aster Data 的并行框架上编写 MapReduce 函数，编写的函数可以作为一个子查询在 SQL 中使用，从而获得 SQL 的易用性和 MapReduce 的开放性。同时，Aster Data 能够对多结构化数据、原始数据进行处理和分析，拥有丰富的统计软件包可以将数据分析推向数据库内进行，提升了数据分析性能。

在 HadoopDB 中，系统清晰地分成两层，上层使用 Hadoop 进行任务的分解和调度，下层用 RDBMS（PostgreSQL）进行数据的查询和处理。在处理查询时，执行的是 SQL to MapReduce to SQL 操作过程（SMS Planner）。该工作的创新之处是：试图利用 Hadoop 的任务调度机制提高系统的扩展性和容错性，以解决大数据分析的横向扩展问题；利用 RDBMS 实现数据存储和查询处理，以解决性能问题。在其性能实验中，HadoopDB 的性能仍然落后于关系数据库系统。如何提升 MapReduce 的性能，已引起研究人员的高度重视，研究人员提出了 MapReduce 的各种优化技术，获得了重要的性能改进。耶鲁大学 Abadi 领导的小组正在使用包括列存储、持续装载和分析（Continuous Loading and Analysis）等技术，以改进 HadoopDB 的性能。

图 3-3 是 HadoopDB 结构，在原来的 Hadoop 与 Hive 的基础上，增加了一些组件，其中，SMS Planner 的作用是在 Hive 解析 SQL 语句生成 MapReduce 任务树之后，对 MapReduce 任务树进行优化，指导 Hadoop 在并行数据库中执行 SQL；目录里面存储了并行数据库的一些信息；数据加载负责把原始数据加载到并行数据库中，需要完成的工作是对原始数据的划分；数据库连接器用于向各个节点传递信息，包含了节点里面数据库的连接信息和需要执行的 SQL 语句；并行数据库用于代替 HDFS 在各个节点上存储数据。

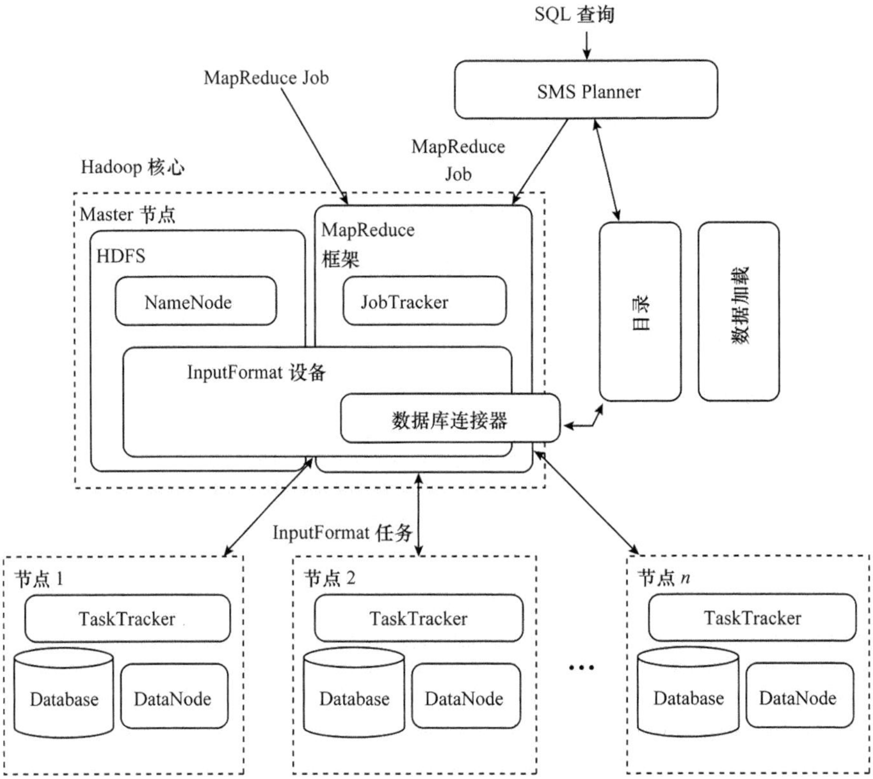

图 3-3　HadooopDB 结构

| 3.3　数据立方的架构以及与 Hadoop 的关系 |

通过对 MapReduce、并行数据库以及两者的混合技术研究，南京云创存储科技有限公司推出了实施云计算数据库——数据立方（DataCube），该系统通过引入索引模块、并行执行架构以及读取本地磁盘的执行方式，使查询达到了实时完成、简单易用、高可靠安全的效能，使 EB 级的数据能够秒级处理，极大地提高了用户执行查询操作后的使用效率，不仅在查询和检索这部分数据时具有非常高的性能优势，数据立方还可以支持数据仓库存储、数据深度挖掘和商业智能分析等业务 [4]。

3.3.1 数据立方的体系架构

数据立方的结构分为用户接口、索引、SQL 解析器、作业生成器、元数据管理、并行计算架构、分布式文件系统等部分，如图 3-4 所示。用户接口主要有两个：JDBC 和 Shell。JDBC 主要执行数据的定义操作，即建立数据库、建表、建分区，对数据库、表和分区的删改等，同时可执行数据查询的 SQL 语句，暂不支持单条记录的增、删、改；数据立方提供友好的 Shell 交互界面，Shell 支持数据库、表的增 / 删 / 改以及数据查询的 SQL 语句。数据在入库时与数据对应的索引也在同时建立，索引是一颗 B 树，数据插入内存的同时，索引 B 树也在生成，当达到设置上限时，数据和索引会刷新到分布式文件系统上成为文件。数据立方的元数据存储在数据库中。其中包括数据库的名字和属性、数据库中的表、表的名字、表的列和分区及其属性、表的属性、表的数据所在目录等。SQL 解析器接收从 JDBC 和 Shell 传来的 SQL 查询语句，同时对 SQL 进行词法分析、语法分析、编译、优化。作业生成器根据 SQL 语法树生成查询作业，分析所要处理的数据表对应的索引文件所在存储子节点位置，并将作业发送给并行计算架构。并行计算架构接收到作业生成器生成的作业，根据索引文件的位置切分查询作业形成子任务，然后将子任务发送给数据所在的存储子节点，每个节点执行这些子任务，查询索引得到结果，记录所在的数据文件名与偏移量，并以广播的方式发送查询子任务到数据文件所在的节点，在执行完毕后将结果返回。数据立方可以使用 HDFS 和 cStor 作为底层存储系统，cStor 是一个主从结构的分布式文件系统，不仅具有 HDFS 高吞吐率、高读写性能等特性，还支持 HDFS 所不具备的对文件修改等功能，并且支持 POSIX 接口。

1. 用户接口

用户接口主要有：JDBC、Shell、数据导入工具。

JDBC 执行数据的定义操作，即建立数据库、建表、建分区，对数据库、表和分区的删改等；同时执行数据查询的 SQL 语句，暂不支持删、改。

数据立方提供友好的 Shell 交互界面，Shell 支持数据库、表的增 / 删 / 改以及数据查询的 SQL 语句。所支持的 SQL 语句主要有：CREATE DATABASE（建立数据库）、DROP DATABASE（删除数据库）、SHOW DATABASES（查看数据库）、CREATE TABLE（建立数据表）、DROP TABLE（删除数据表）、SHOW TABLES（查看数据表）、ALTER TABLE（数据表重命名）、

DESCRIBE（查看表结构）、SHOW TABLES（查看表名）、SHOW PARTITIONS（查看表的分区）、LOAD DATA（数据加载）、INSERT INTO TABLE（数据插入）、SELECT（数据查询）、LIMIT（随机返回 *n* 条查询结果）、GROUP BY（数据表的聚合查询）、ORDER BY（排序）、JOIN（关联查询）、UDF（用户自定义函数）。

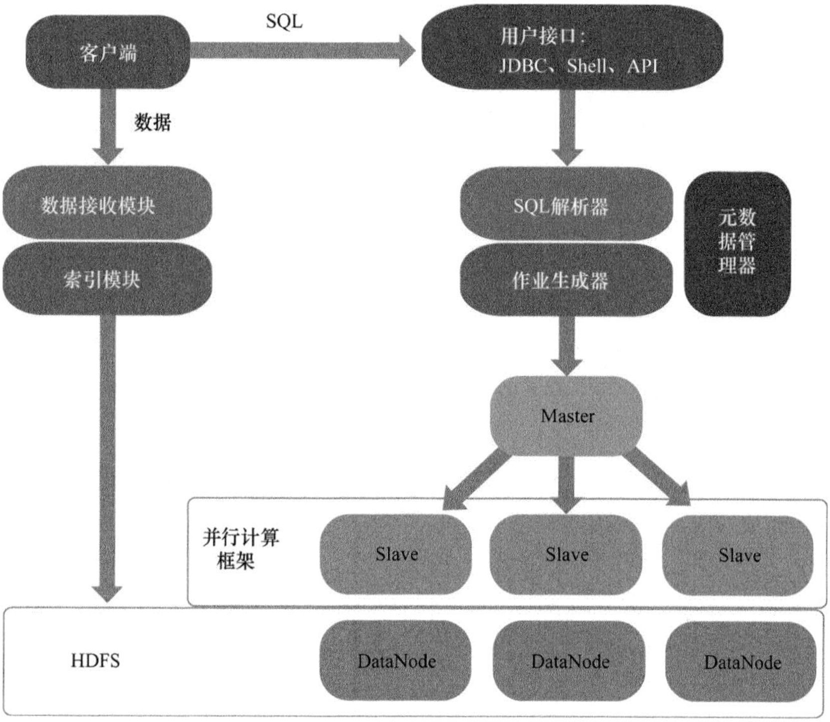

图 3-4　数据立方架构

数据导入工具的作用是在数据立方与数据库之间进行数据的导入与导出。

2. **索引模块**

数据在插入的同时与数据对应的索引也在同时建立，索引是一棵 B+ 树，数据插入内存的同时，索引 B+ 树也在生成，当达到设置上限时，数据和索引会刷新到 HDFS 上成为文件，如图 3-5 所示。

索引运行流程分为 Server 和 Client 两部分，Server 负责索引任务的轮询以及任务的分配。

Server 的流程如图 3-6 所示。

① 启动后根据配置文件，建立自己的 ZooKeeper 节点（目的是存储状态，

监控自身状态）。

② 注册时，第一个节点会成为主节点，即 Server 的主节点。

③ 成为主节点后，定时轮询通知目录。

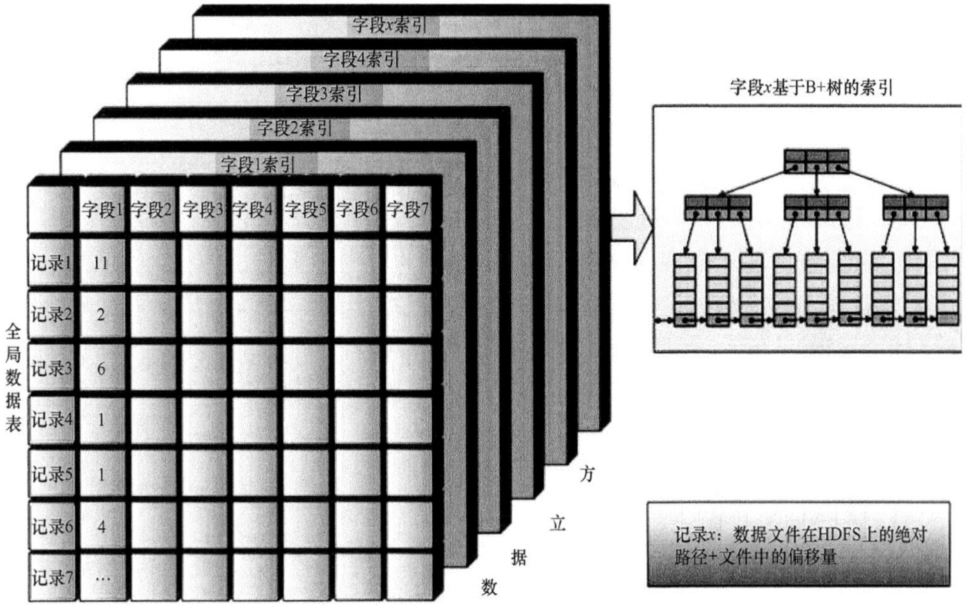

图 3-5　数据立方逻辑结构

④ 如果发现新产生的文件，顺序将数据新建到 Client 节点下面。

以上是一次轮询的过程，如果没发现新的文件，则继续定时轮询。

Client 流程如图 3-7 所示。

① Client 启动注册自己的节点，同时给节点添加 Watch 事件。

② 注册事件后，对于 Server 新建的任务，Client 能够及时获取。

③ 获取事件后，Client 将任务放入处理队列，然后重新注册事件。

④ Client 端有专门处理的线程来轮询该队列。

⑤ 如果队列里面有任务，则取出队列的数

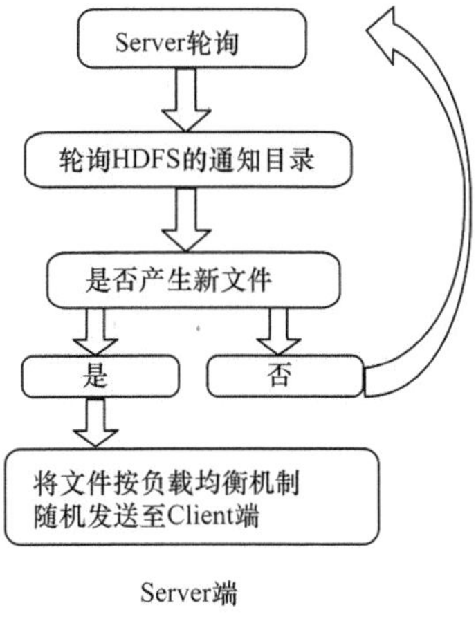

图 3-6　索引 Server 端流程

据，同时从队列中移除。

⑥ 处理该任务，建立索引。

⑦ 建立索引完成后，删除刚才的 ZooKeeper 节点。

⑧ 删除对应的通知目录。

3. SQL 解析器

SQL 解析器、执行器完成 DataCube 查询语句从词法分析、语法分析、编译、优化以及查询计划的生成。

SQL 解析器接收从数据查询 API 和 Shell 传来的 SQL 语句，同时对 SQL 进行词法分析、语法分析、编译、优化，接着分析所要处理数据的所在位置，根据数据位置切分查询形成子任务，然后将这些子任务生成查询作业发送给并行计算框架，如图 3-8 所示。

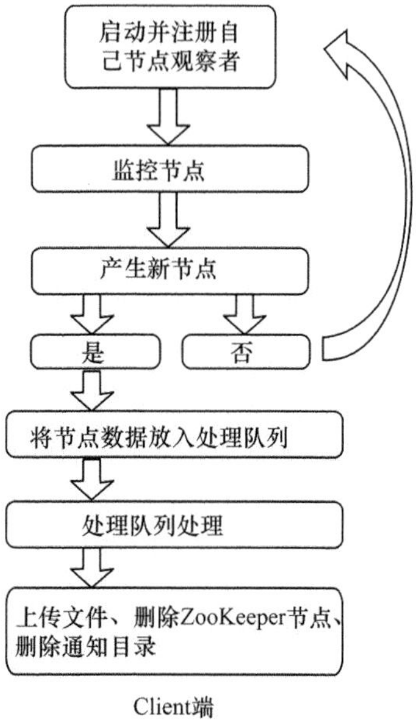

图 3-7　索引 Client 端流程

4. 并行计算架构

并行处理一个 DataCube 作业的所有子任务。每个子节点的任务执行器接收到主节点发来作业的子任务，随后执行这些子任务，执行完毕后将结果传回客户端。

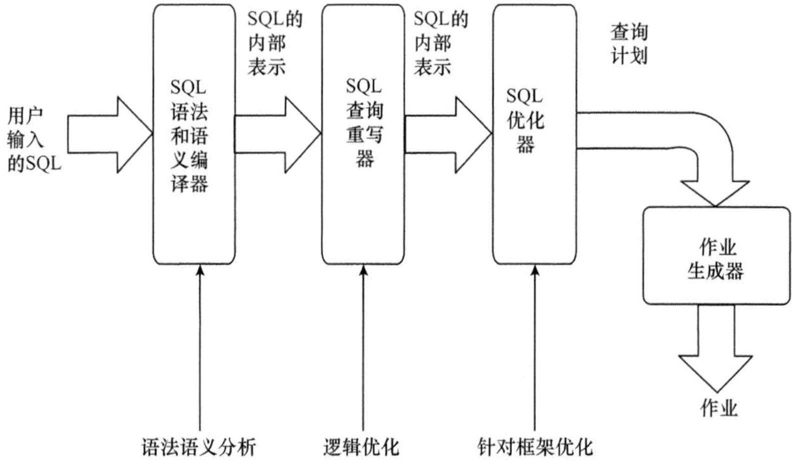

图 3-8　SQL 解析器

数据立方的分布式并行架构是典型的主从结构，主 Master 与从 Master 分别部署在 HDFS 的主、从 NameNode 物理节点上，Slave 部署在 DataNode 物理节点上，主、从 Master 使用 ZooKeeper 同步，并共享系统日志，Master 与 Slave 之间用心跳信息保持信息交换，如图 3-9 所示。

MapReduce 架构的 Job 提交过程较为复杂，客户端将 Job 提交到 JobTracker 有较长的时延。JobTracker 将 Job 处理为 MapReduce Task 后，通过 TaskTracker 的心跳信息将 Task 任务返回给 TaskTracker，此过程中也存在时延。相对于 MapReduce 架构，数据立方的 Job 提交是实时性的，在提交 Job 前所需程序 JAR 包已经分发到所有计算节点，MapReduce 架构虽然也遵循数据本地性，但仍会有很大比例的数据处理不是本地的。

在 Job 提交后，数据立方的 Master 根据数据文件所在位置分配 Task，这样在每个计算节点上要处理的 HDFS 上的数据块就在本地，这样避免了数据的移动，极大地减少了网络 I/O 负载，缩短了计算时间。

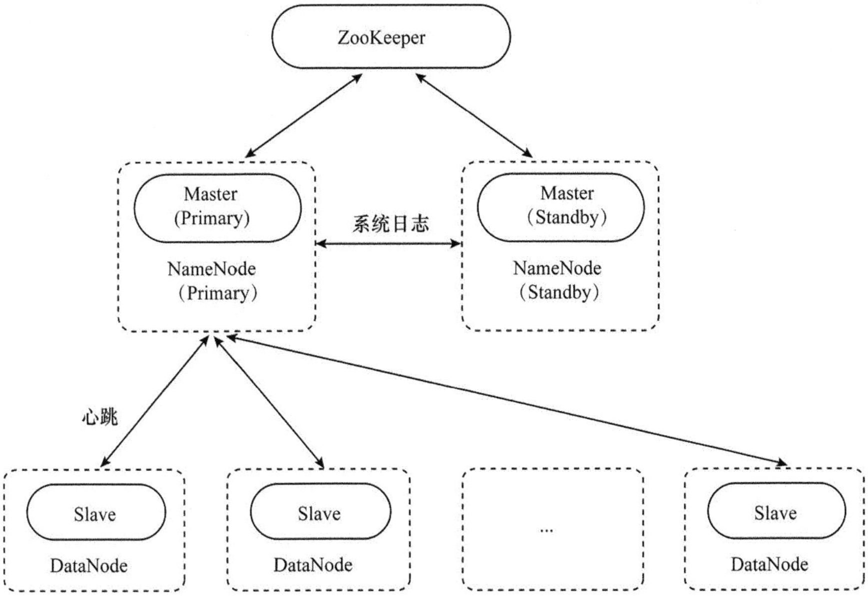

图 3-9 ZooKeeper

并行计算架构上作业执行过程如图 3-10 所示。

① 以对一个表的条件查询为例。

② 首先一个作业被切分为多个任务，这些任务被发送到子节点上，根据查询条件去查询索引文件，查询的中间结果是最终记录所在的 HDFS 文件路径 + 偏移量。

③ 子节点通过分析 HDFS 文件所在的节点位置，再分发子任务到该节点上，通过读取本地磁盘文件查询出最终结果。

④ 根据查询条件将结果返回给主节点或客户端。

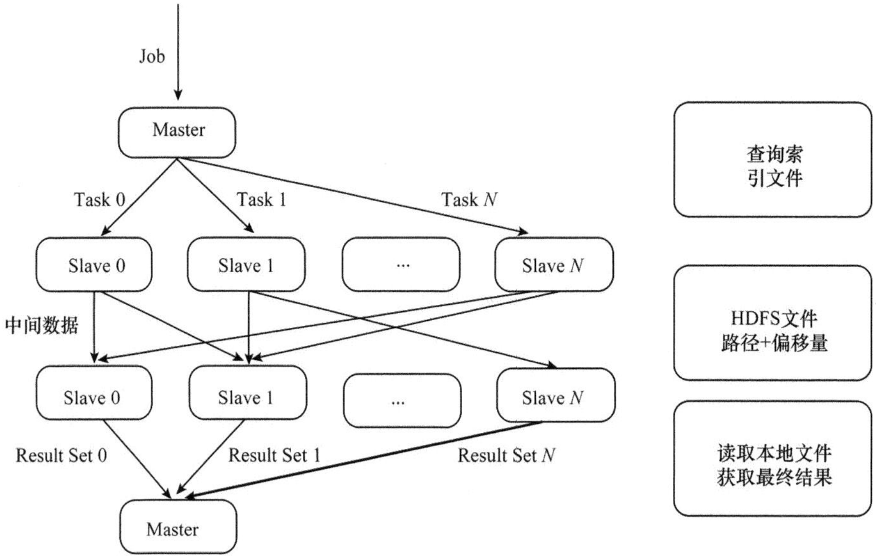

图 3-10　并行计算架构上作业执行过程

5. 节点的动态扩展

分布式文件系统给数据立方带来了良好的扩展性，不必每加一个节点就做一次数据均衡，当有数据被添加到 DateNode 时，该数据就会被相关查询访问到，如图 3-11 所示。

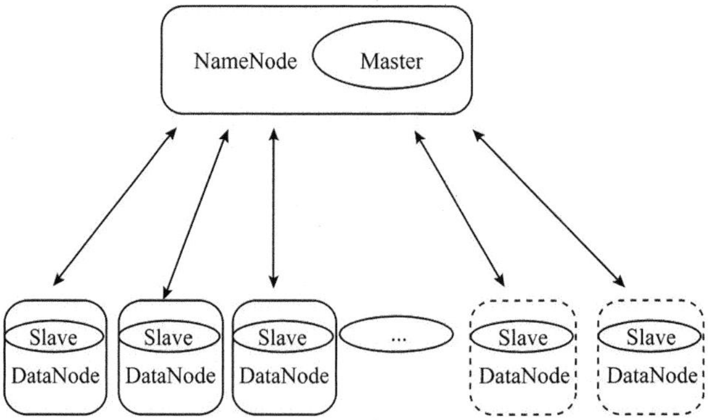

图 3-11　节点动态扩展

6. 子节点的容错

当系统中有一台子节点宕机时，在其上的 Task 会被重新切分并分配到其他存储有相同数据副本的节点，如图 3-12 所示。

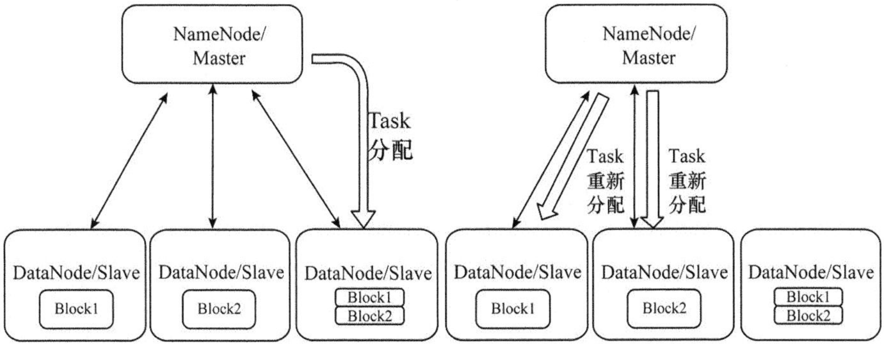

图 3-12　子节点容错

7. 元数据管理

DataCube 将元数据存储在 MySQL 数据库中。DataCube 中的元数据包括数据库的名字和属性、数据库中的表、表的名字、表的列和分区及其属性、表的属性、表的数据所在目录等。

3.3.2　数据立方与 Hadoop 的关系

1. 数据立方与 HDFS 的关系

DataCube 是建立在 Hadoop 上的分布式数据库。DataCube 是一种可以存储、查询和分析在 Hadoop 中海量数据的机制。DataCube 的底层存储架设在 HDFS 之上，表的数据和索引均以文件形式存储在 HDFS 上，所以当前 DataCube 还不支持表中数据的删改。

与 HDFS 集群相对应，DataCube 主节点与 NameNode 部署在同一个物理节点上，子节点与 DataNode 部署在同一个物理节点上。在执行 SQL 查询语句时，主节点的 SQL 解析器会向 NameNode 发送请求，获取相关表的数据文件的元数据信息，SQL 解析器生成子任务并将其发给子节点的任务执行器，任务执行器通过数据文件的数据块 ID 从 DataNode 获取该数据块在本地磁盘的绝对路径，然后直接读取本地文件。

2. 数据立方与 MapReduce 的关系

因为 DataCube 的数据存储在 HDFS 上，因此也允许 MapReduce 开发者开发自定义的 MapReduce 程序来处理 DataCube 中的数据。

参考文献

[1] MapReduce tutoral[EB]. 2013.

[2] HadoopDB an architectural hybrid of MapReduce and DBMS technologies for analytical workloads[EB]. 2009.

[3] HadoopDB [EB]. 2013.

[4] cStor corporation. cStor 云存储 [EB]. 2014.

第 4 章

数据立方及配套环境的安装

本章主要讲述数据立方的安装过程及配套环境建设。首先讲解 CentOS 系统的安装以及操作系统安装之后一些必要工具的安装和配置；然后分别讲解 Hadoop 的安装和数据立方的安装；另外，本章介绍监控工具 Ganglia 的安装，该监控工具可以根据需要选择安装；最后讲解数据导入工具 Sqoop 的安装。

| 4.1 安装流程 |

本章主要讲述数据立方的安装流程，首先需要安装操作系统以及操作系统安装之后一些必要工具的安装和配置；其次需要安装 Hadoop；接下来安装数据立方 [1]；另外可以根据需要安装监控工具 Ganglia；最后需要安装数据导入工具 Sqoop。

| 4.2 操作系统的安装 |

4.2.1 CentOS 6.2 的安装

① 安装 CentOS 6.2-x86_64，如图 4-1 所示。

② 在开始自动复制文件前，从光盘上安装系统工具选择 Customize now，如图 4-2 所示。

③ 在 Applications 中选择要安装的软件，如图 4-3 所示。

④ 在 Base System 中选择要安装的软件，如图 4-4 所示，其中，只有 3 个不需要安装，其他都需要安装。

⑤ 在 Databases 中两种数据库都需要安装，如图 4-5 所示。

⑥ 在 Desktops 中选择要安装的软件，如图 4-6 所示。

图 4-1　安装 CentOS 6.2-x86_64

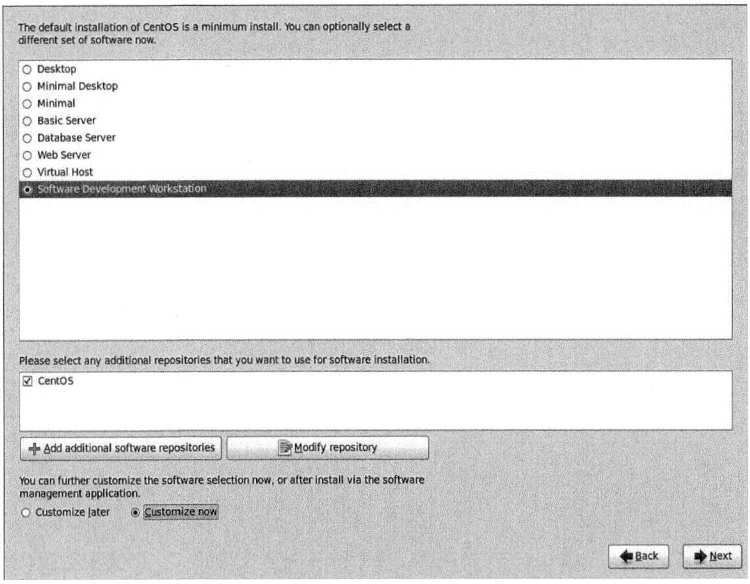

图 4-2　从光盘上安装系统工具选择 Customize now

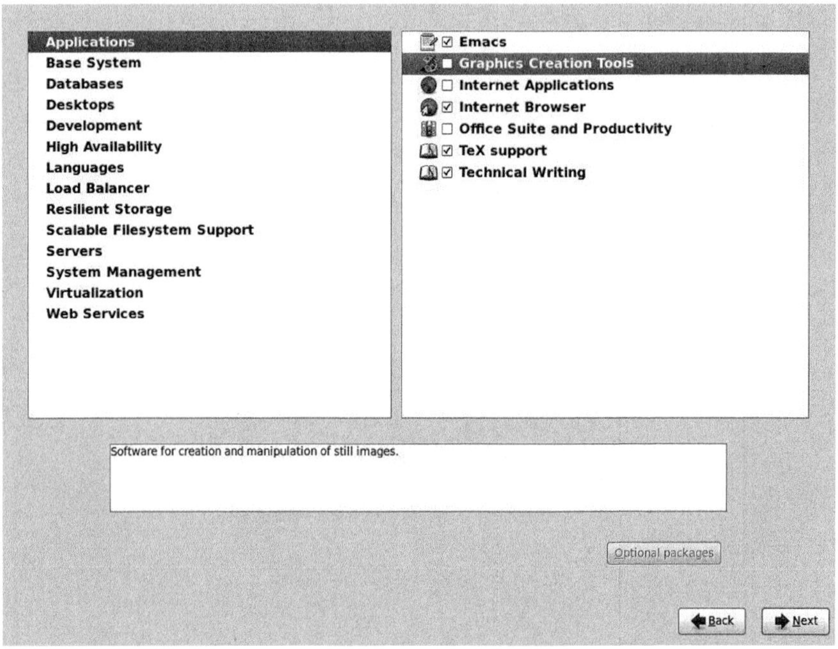

图 4-3　在 Applications 中选择要安装的软件

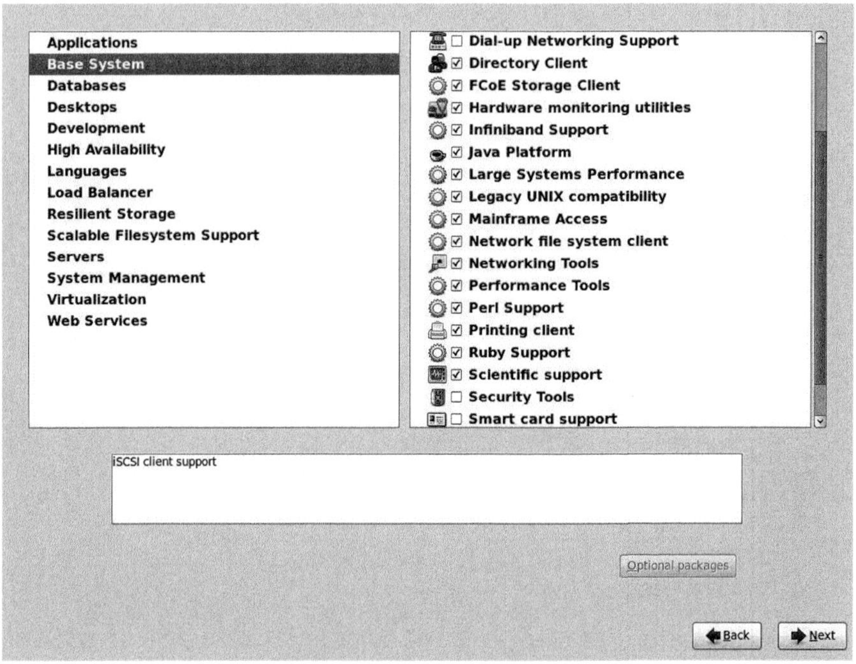

图 4-4　在 Base System 中选择要安装的软件

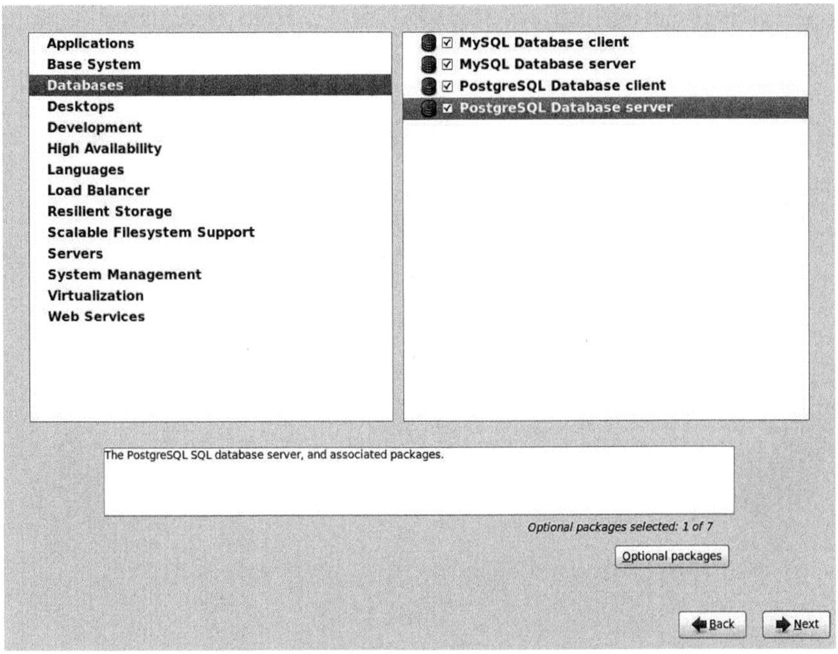

图 4-5　Databases 中两种数据库都需要安装

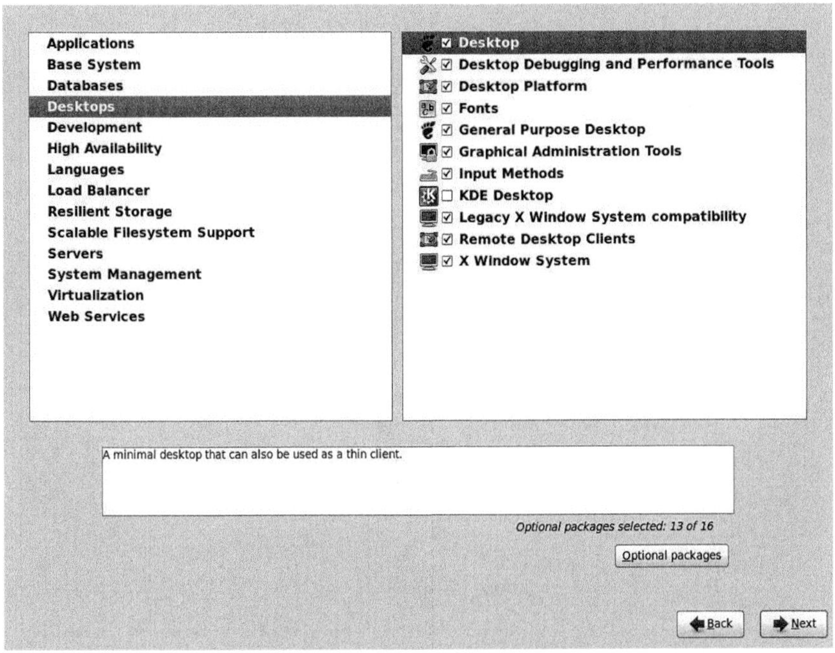

图 4-6　在 Desktops 中选择要安装的软件

⑦ 在 Development 中选择要安装的软件。High Availability 到 Scalable Filesystem Support 可以按需选择，没有特别要求，如图 4-7 所示。

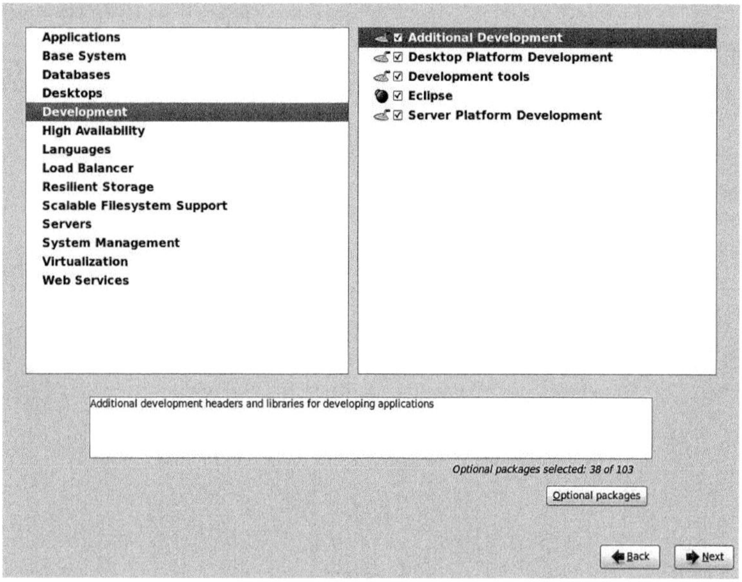

图 4-7 在 Development 中选择要安装的软件

⑧ 在 Servers 中选择要安装的软件，如图 4-8 所示。

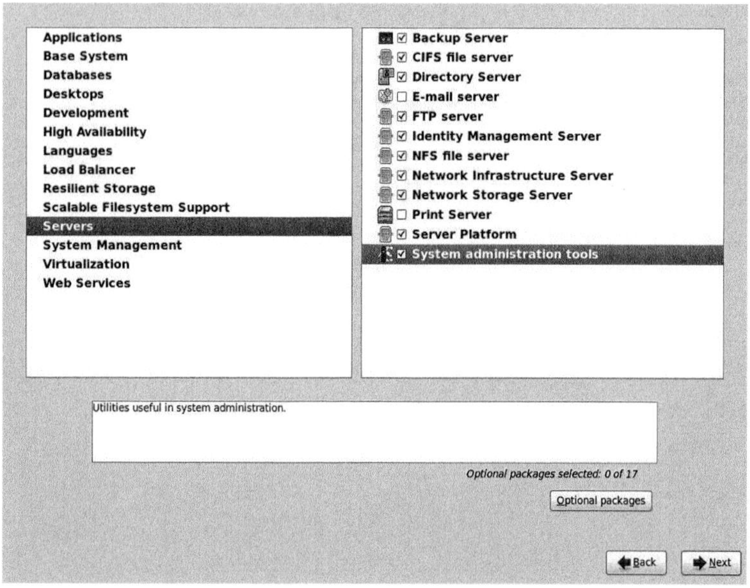

图 4-8 在 Servers 中选择要安装的软件

4.2.2　JDK 的安装

安装软件包中有 jdk-6u31-linux-x64-rpm.bin。上传到 /usr/local/ 路径下，执行 ./jdk-6u31-linux-x64-rpm.bin 进行安装。

（1）配置环境变量

```
$ sudo vi /etc/profile
JAVA_HOME=/usr/java/jdk1.6.0_31
export JRE_HOME=/usr/java/jdk1.6.0_31/jre
export CLASSPATH=.:$JAVA_HOME/lib:$JRE_HOME/lib:$CLASSPATH
export PATH=$JAVA_HOME/bin:$JRE_HOME/bin:$PATH
```

（2）执行 /etc/profile 中的内容

```
$source /etc/profile
```

（3）查看 Java 版本

```
$java -version
```

如果可以看到 Java 的版本信息，则说明安装成功。

4.2.3　配置 SSH

SSH 为建立在应用层和传输层基础上的安全协议。

在数据立方集群中任意一个节点，进行如下操作。

① 配置本机无密码登录：使用 cd ~ 命令进入登录用户的根目录，创建 .ssh 文件夹（若已经存在此文件夹，则可跳过此步骤，或者删掉此文件夹再重新创建）。使用命令 ssh-keygen-t dsa-P ' ' -f id_dsa 创建密钥。用 at.ssh/id_dsa.pub>>.ssh/authorized_keys 将密钥加入主机列表中。然后使用命令 ssh localhost 测试是否可以实现本机无密码登录。

② 使用 scp.ssh/id_dsa.pub root@slave01:~/.ssh/id_dsa1.pub 将上述密钥传输到集群中的 slave01 节点。

注意：命令中的节点名称是 slave01，为示例节点名称，实际安装中请以具体环境中节点的机器名为准，下同（该节点名称应该在前面配置 /etc/hosts 时已经配置）。

③ 切换到 slave01 上，将公钥加入主机列表中。

```
$cat ~/.ssh/id_rsa1.pub >> ~/.ssh/authorized_keys
```

④ 切回到本机上，测试本机是否可以实现 slave01 的无密码登录。

```
$ssh slave01
```

⑤ 在集群中其他每台机器上，使用上述步骤①~③实现任意两台机器之间的无密码登录，如图 4-9 和图 4-10 所示。

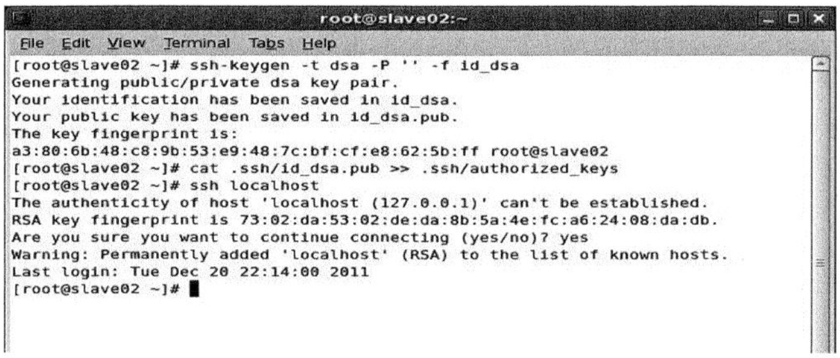

图 4-9　测试本机 SSH 无密码登录

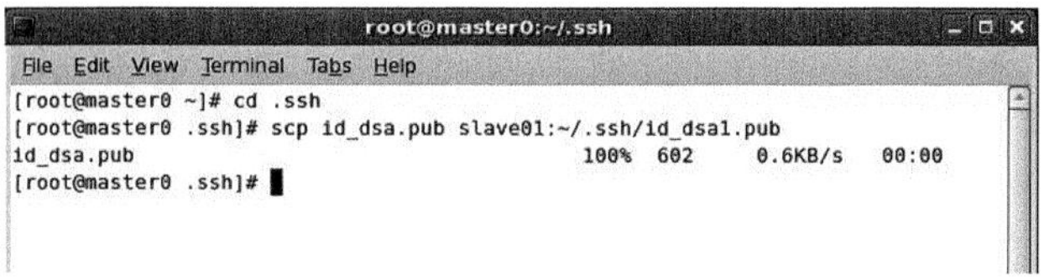

图 4-10　复制密钥至集群其他机器

这里需要对 .ssh 文件夹和 authorized_keys 文件夹赋予相应权限。

```
chmod 700 ~/.ssh 和 chmod 600 ~/.ssh/authorized_keys。
```

注意：所有操作都在 Hadoop 用户下，若没有 Hadoop 用户，则需要重新建立 Hadoop 用户。

4.2.4　配置 /etc/hosts

在每个节点上配置 /etc/hosts，打开如下文件。

```
$ vi /etc/hosts
```

配置内容如下（例）。

```
127.0.0.1          localhost
192.168.139.21     master0
192.168.139.22     master1
192.168.139.23     slave00
192.168.139.24     slave01
192.168.139.25     slave02
192.168.139.26     slave03
```

4.2.5 修改机器主机名

在每个节点上配置主机名，输入以下命令。

```
$vi /etc/sysconfig/network
```

在 HOSTNAME 处为节点修改想要的主机名。

```
NETWORKING=yes
HOSTNAME= slave00
GATEWAY=192.168.139.23
```

关闭文件，回到终端，使用命令 HOSTNAME slave00 使修改生效，并可使用 HOSTNAME 命令检查当前机器名称。用此方法分别修改其他节点的主机名。

4.2.6 配置 NFS 与 NTP

1．配置 NFS

① NFS 服务器是在安装 CentOS 6.2 时默认已安装并随系统自动启动的。

② 在 NFS 服务器上建立共享文件夹。

```
$ mkdir /usr/local/hadoop/avatarshare
```

③ 在 NFS 服务器上配置 /etc/exports 文件。

```
/usr/local/hadoop/avatarshare *(rw,sync,no_root_squash)
```

④ master0 和 master1 上的 NFS 挂载点均为 /usr/local/hadoop/avatarshare。

挂载命令：Mount-v-t nfs-o tcp，soft，retry=2，timeo=2，rsize=32 768，wsize=32 768，192.168.139.21:/usr/local/hadoop/avatarshare /usr/local/hadoop/avatarshare。

2．配置 NTP

① 检查 primary 和 standby 的 NTP 服务是否开启，如果开启则关闭。

```
/etc/rc.d/init.d/ntpd stop
```

② 打开 primary 的 /etc/ntp.conf 文件，将这一行“restrict default kod nomodify notrap nopeer noquery”改为“restrict default nomodify”。

③ 开启 primary 服务器的 NTP 服务器。

```
/etc/rc.d/init.d/ntpd start
```

④ 在 standby 上执行 NTP date primary IP。

注意：NTP 服务器启动 3 ～ 5 min 后才能进行同步操作。

| 4.3 Hadoop 的安装 |

4.3.1 Hadoop 的版本

Hadoop 版本为 Cloudera CDH 4.1.2，将 hadoop-2.0.0-cdh4.1.2 和 hadoop-2.0.0-mr1-cdh4.1.2 软件包上传到集群各节点上，在 /usr/local/ 路径下，更改安装文件的所属用户和所属组 chown-Rhadoop.hadoop 安装文件。

4.3.2 HDFS 的配置安装

修改 /etc/security/limits.conf。

添加如下内容：

```
hadoop soft nproc 100000
hadoop hard nproc 100000
```

在 /usr/local/hadoop-2.0.0-cdh4.1.2/conf 下进行配置。

（1）配置 hadoop-env.sh

```
export   JAVA_HOME=/usr/java/jdk1.6.0_31
export HADOOP_HEAPSIZE=2000
export HADOOP_NAMENODE_OPTS="-XX:+UseParallelGC -Xmx8g $HADOOP_NAMENODE_OPTS"
export HADOOP_DATANODE_OPTS="-XX:+UseParallelGC -Xmx4g $HADOOP_DATANODE_OPTS"
```

JAVA_HOME：指 Hadoop 系统的 Java 安装位置。

HADOOP_HEAPSIZE：指 Hadoop 为各个守护进程分配的内存，默认值为 1 000，单位是 MB 。

注意：TaskTracker 启动独立的子 JVM，以运行 Map 和 Reduce 任务，相关 JVM 参数在 mapred-site.xml 中配置。

HADOOP_NAMENODE_OPTS：由于 NameNode 会在内存中存储所有文件每个数据块的引用，因此，NameNode 很可能会吃光分配给它的所有内存。要想不改变其他 Hadoop 守护进程的内存分配量，而只增加 NameNode 的内存分配量，可以用此参数传递一个 JVM 额外选项。例如，-Xmx2000m 选项表示为 NameNode 分配 2 000 MB 内存空间。

HADOOP_DATANODE_OPTS：同 HADOOP_NAMENODE_OPTS，看情况设置，也可用默认。

HADOOP_NAMENODE_INIT_HEAPSIZE：指 NameNode 进程分配的初始内存。

HADOOP_LOG_DIR：指 Hadoop 生成的系统日志文件存放目录。

（2）core-site.xml 配置

```
<?xml version="1.0"?>
<!-- Put site-specific property overrides in this file. -->
<configuration>

<property>
<name>fs.default.name</name>
<value>hdfs://192.168.139.21:8020</value>
<final>true</final>
</property>

<property>
<name>fs.trash.interval</name>
<value>360</value>
</property>

<property>
<name>hadoop.security.authentication</name>
<value>simple</value>
</property>

<property>
<name>hadoop.security.authorization</name>
<value>false</value>
</property>

<property>
<name>dfs.client.read.shortcircuit</name>
<value>true</value>
</property>

<property>
```

```
<name>dfs.client.read.shortcircuit.skip.checksum</name>
<value>false</value>
</property>

</configuration>
```

fs.default.name：指默认文件系统。URI 定义主机名称和 NameNode 的 RPC 服务器工作的端口号，默认值是 8020。

fs.trash.interval：指回收站清空的时间间隔。

hadoop.security.authentication：指 HDFS 认证模式，默认为 Simple。

hadoop.security.authorization：是否授权，默认为 False。

（3）hdfs-site.xml 配置

```
<?xml version="1.0"?>
<!-- Put site-specific property overrides in this file. -->
<configuration>

<property>
<name>dfs.namenode.name.dir</name>
<value>/usr/local/hadoop/namenode</value>
<final>true</final>
</property>

<property>
<name>dfs.datanode.data.dir</name>
<value>/usr/local/hadoop/datanode</value>
<final>true</final>
</property>

<property>
<name>dfs.cluster.administrators</name>
<value>datacube</value>
</property>

<property>
<name>dfs.permissions.supergroup</name>
<value> datacube</value>
</property>
```

```
<property>
<name>dfs.datanode.hdfs-blocks-metadata.enabled</name>
<value>true</value>
</property>

<property>
<name>dfs.datanode.data.dir.perm</name>
<value>755</value>
</property>

<property>
<name>dfs.block.local-path-access.user</name>
<value> datacube</value>
</property>
</configuration>
```

dfs.namenode.name.dir：指 NameNode 存储永久性的元数据目录列表。NameNode 在列表上的各个目录中均存放相同的云数据文件。

dfs.datanode.data.dir：指 DataNode 存放数据块的目录列表。各个数据块分别存放于某一个目录中。

dfs.cluster.administrators：指 HDFS 集群管理员，默认为当前用户。

dfs.permissions.superusergroup：指 HDFS 上文件的用户组，默认为当前用户。

dfs.datanode.hdfs-blocks-metadata.enabled：指是否能够读取 DataNode 内存中的 Block 与本地文件的映射信息。

dfs.datanode.data.dir.perm：指 Block 文件的权限。

dfs.block.local-path-access.user：指能够访问本地 Block 文件的用户。

（4）配置 Masters、Slaves

Masters 文件记录运行 NameNode 的所有机器。

```
192.168.139.21
```

Slaves 文件记录运行 DataNode 的所有机器。

```
192.168.139.23
192.168.139.24
192.168.139.25
192.168.139.26
```

（5）启动

在 /usr/local/hadoop-2.0.0-cdh4.1.2/sbin/ 下启动（要先进行 Hadoop Name Node -Format）。

```
./start-dfs.sh
```

4.3.3 MapReduce 的配置安装

在 /usr/local/ hadoop-2.0.0-mr1-cdh4.1.2/conf 下进行配置。

（1）配置 hadoop-env.sh

```
export    JAVA_HOME=/usr/java/jdk1.6.0_31
export HADOOP_HEAPSIZE=2000
export HADOOP_JOBTRACKER_OPTS="-XX:+UseParallelGC -Xmx16g $HADOOP_NAMENODE_OPTS"
export HADOOP_TASKTRACKER_OPTS="-XX:+UseParallelGC -Xmx8g $HADOOP_DATANODE_OPTS"
```

（2）配置 core-site.xml

参照 4.3.2 小节。

（3）配置 hdfs-site.xml

参照 4.3.2 小节。

（4）配置 mapred-site.xml

```
<?xml version="1.0"?>
<!-- Put site-specific property overrides in this file. -->
<configuration>

<property>
<name>mapred.job.tracker</name>
<value>master0:9000</value>
<final>true</final>
</property>

<property>
<name>mapred.local.dir</name>
<value>/usr/local/hadoop/mapred</value>
<final>true</final>
</property>

<property>
<name>mapred.system.dir</name>
<value>/mapred/mapredsystem</value>
<final>true</final>
</property>
```

```
<property>
<name>mapred.tasktracker.map.tasks.maximum</name>
<value>7</value>
<final>true</final>
</property>

<property>
<name>mapred.tasktracker.reduce.tasks.maximum</name>
<value>7 </value>
<final>true</final>
</property>

<property>
<name>mapred.child.java.opts</name>
<value>-server -Xmx640m -Djava.net.preferIPv4Stack=true</value>
</property>

<property>
<name>mapreduce.tasktracker.group</name>
<value>DataCube</value>
</property>

</configuration>
```

mapred.job.tracker：指 JobTracker 的 RPC 服务器所在的主机名称和端口号。如果设为默认值 Local，则当运行一个 MapReduce 作业时，JobTracker 即以处理时模式运行（换言之，用户无须启动 JobTracker。实际上，试图在该模式下启动 JobTracker 会引发错误）。

mapred.local.dir：指存储作业中间数据的一个目录列表。当作业终止时，数据被清除。

mapred.system.dir：指在作业运行期间存储共享文件的目录，相对于 fs.default.name。

mapred.tasktracker.map.tasks.maximum：指在任一时刻，运行在 TaskTracker 上 Map 任务的最大数。

mapred.tasktracker.reduce.tasks.maximum：指在任一时刻，运行在 TaskTracker 上 Reduce 任务的最大数。

mapred.child.java.opts：为 JVM 选项，用于启动运行 Map 和 Reduce 任务的 TaskTracker 子进程。该属性可以针对每个作业进行设置。例如，可以设置 JVM 的属性以支持调试。

mapreduce.tasktracker.group：指提交 MapReduce 任务的用户所属的用户组。

（5）配置 Masters、Slaves

Masters 文件记录运行 JobTracker 的所有机器。

```
192.168.139.21
```

Slaves 文件记录运行 TaskTracker 的所有机器。

```
192.168.139.23
192.168.139.24
192.168.139.25
192.168.139.26
```

（6）启动

在 /usr/local/hadoop-2.0.0-mr1-cdh4.1.2/bin/ 下启动。

```
./start-mapred.sh
```

4.4 数据立方的配置安装

将软件包中 DataCube 1.0 上传到集群各节点上，/usr/local/ 路径下。另外，需要在主节点上安装 MySQL。

4.4.1 MySQL-Connector 的安装

将安装包中的 mysql-connector-java-5.1.17-6.el6.noarch.rpm 进行安装。

```
$rpm -ivh mysql-connector-java-5.1.17-6.el6.noarch.rpm
```

4.4.2 编辑数据立方的配置文件

以下配置均在 /usr/local/datacube-1.0/conf 下。

（1）配置 core-site.xml 和 hdfs-site.xml

参照 4.3.2 小节。

（2）配置 datacube-env.sh

```
export JAVA_HOME=/usr/java/jdk1.6.0_31
export DATACUBE_HEAPSIZE=2000
export DATACUBE _PID_DIR=${DATACUBE_HOME}/pid
export HADOOP_HOME=/usr/local/hadoop-2.0.0-mr1-cdh4.1.2
```

（3）配置 datacube-site.xml

```
<?xml version="1.0"?>
<?xml-stylesheet type="text/xsl" href="configuration.xsl"?>
<configuration>
<!--for datacube props-->
<property>
<name>datacube.metadatapath</name>
   <value>/usr/local/datacube1.0/bin/datacube-metadata</value>
   </property>
   <property>
   <name>datacube.flushfile.tmpdir</name>
   <value>/dev/shm</value>
   </property>
   <property>
   <name>datacube.jdbc.connection</name>
   <value>jdbc:datacube://localhost:10000/</value>
   </property>
   <property>
   <name>hbase.rootdir</name>
   <value>hdfs://192.168.139.21:8020/hbase</value>
   </property>
   <property>
   <name>hbase.tmp.dir</name>
   <value>/usr/local/hadoop/hbase/tmp</value>
   </property>
   <property>
   <name>hbase.ZooKeeper.quorum</name>
   <value>192.168.139.23,192.168.139.24,192.168.139.25</value>
   </property>
   <property>
   <name>javax.jdo.option.ConnectionURL</name>
```

```
    <value>jdbc:mysql://192.168.139.21:3306/hive?createDatabaseIfNotExist=true</value>
  </property>
  <property>
    <name>javax.jdo.option.ConnectionDriverName</name>
    <value>com.mysql.jdbc.Driver</value>
  </property>
  <property>
    <name>javax.jdo.option.ConnectionUserName</name>
    <value>hadoop</value>
  </property>
  <property>
    <name>javax.jdo.option.ConnectionPassword</name>
    <value>hadoop</value>
  </property>
<!--more props -->
  <property>
    <name>hbase.hregion.memstore.flush.size</name>
    <value>671088640</value>
  </property>
  <property>
    <name>hbase.regionserver.handler.count</name>
    <value>64</value>
  </property>
  <property>
    <name>hbase.client.write.buffer</name>
    <value>134217728</value>
  </property>
  <property>
    <name>hbase.hregion.max.filesize</name>
    <value>107374182400</value>
  </property>
  <property>
    <name>hbase.hregion.memstore.block.multiplier</name>
    <value>16</value>
  </property>
  <property>
```

```
            <name>hbase.server.thread.wakefrequency</name>
            <value>100</value>
        </property>
        <property>
            <name>hbase.hstore.blockingWaitTime</name>
            <value>100</value>
        </property>
        <property>
            <name>hbase.hstore.blockingStoreFiles</name>
            <value>32</value>
        </property>
        <property>
            <name>hbase.hregion.majorcompaction</name>
            <value>0</value>
        </property>
    </configuration>
```

datacube.metadatapath：指数据立方元数据服务程序所在路径。

datacube.flushfile.tmpdir：指数据立方数据本地临时存储目录。

datacube.jdbc.connection：指 DataCube 的 JDBC 连接 IP 和端口。

hbase.rootdir：指 HBase 在 HDFS 上的存储路径。

hbase.tmp.dir：指 HBase 在本地的临时目录。

hbase.ZooKeeper.quorum：指需要启动 ZooKeeper 的节点。

javax.jdo.option.ConnectionURL：指 MySQL JDBC 的访问地址，可以指定数据库是否创建。

注意：MySQL 的 Hive 数据库字符集需要是 Latin1 的。

javax.jdo.option.ConnectionDriverName：指 MySQL JDBC 的驱动类。

javax.jdo.option.ConnectionUserName：指连接 MySQL 的账号。

javax.jdo.option.ConnectionPassword：指连接 MySQL 的密码。

（4）配置 Masters 和 Slaves、HostIP、ZooKeepers

Masters 文件记录运行 HMaster、datacube-metadataserver、datacube-framework- meta、datacube-framework 的所有机器。

```
192.168.139.21
```

Slaves 文件记录运行 HRegionserver、datacube-metadataserver、datacube-framework-meta、datacube-framework 的所有机器。

```
192.168.139.23
192.168.139.24
192.168.139.25
192.168.139.26
```

HostIP 文件记录本机 IP。

```
192.168.139.21
```

ZooKeepers 文件记录运行 ZooKeeper 的所有机器。

```
192.168.139.21
192.168.139.23
192.168.139.24
```

（5）配置 /usr/local/datacube-1.0/sbin/framework

修改 DATACUBE_HOME 为当前 DataCube 安装目录。

```
export DATACUBE_HOME=/usr/local/datacube-1.0
```

4.4.3 数据立方的启动

启动 DataCube。

```
/usr/local/datacube-1.0/bin/start-datacube.sh
```

4.5 监控工具 Ganglia 的安装

Ganglia 设计用于检测数以千计的节点。Ganglia 的核心包含 Gmond、Gmetad 以及一个 Web 前端，主要是用来监控系统性能，如 CPU、MEM、硬盘利用率、I/O 负载、网络流量情况等，通过曲线很容易见到每个节点的工作状态，对合理调整、分配系统资源、提高系统整体性能起到重要作用 [2]。

4.5.1 安装依赖

（1）安装相关依赖

说明：// 注释后面的内容为 Yum Install 后面对应的软件名。

```
rpm -ivh dejavu-lgc-sans-mono-fonts-2.30-2.el6.noarch.rpm        // dejavu-lgc-sans-mono-fonts.noarch
rpm -ivh freetype-2.3.11-6.el6_2.9.i686.rp              // freetype.x86_64
rpm -ivh freetype-devel-2.3.11-6.el6_2.9.i686.rpm// freetype-devel.x86_64
```

```
rpm -ivh libart_lgpl-2.3.20-5.1.el6.i686.rpm
rpm -ivh libart_lgpl-devel-2.3.20-5.1.el6.i686.rpm// libart_lgpl-devel.x86_64
rpm -ivh libpng-1.2.49-1.el6_2.i686.rpm
rpm -ivh libpng-devel-1.2.49-1.el6_2.i686.rpm// libpng-devel.x86_64
rpm -ivh zlib-1.2.3-27.el6.i686.rpm
rpm -ivh zlib-devel-1.2.3-27.el6.i686.rpm
```

（2）安装 RRD Tools

```
tar zxvf rrdtool-1.2.27.tar
cd rrdtool-1.2.27
./configure --prefix=/usr/local/rrdtool
make
make install
```

执行以下命令，看是否安装成功。

```
/usr/local/rrdtool/bin/rrdtool
```

（3）安装 Expat 依赖

```
tar zxvf expat-2.0.1.tar.gz
./configure --prefix=/usr/local/expat
make
make install
```

对于 64 位操作系统，需要手动地复制动态链接库到 Lib 64 下。

```
mkdir /usr/local/expat/lib64
cp -a /usr/local/expat/lib/* /usr/local/expat/lib64/
```

（4）安装 APR 以及 APR-util

```
tar xvjf apr-1.3.2.tar.bz2
./configure --prefix=/usr/local/apr
make
make install                                    //   ./configure && make && make install
tar xvjf apr-util-1.3.2.tar.bz2
./configure --with-apr=/usr/local/apr --with-expat=/usr/local/expat
make
make install
```

同样，64 位机器需要复制动态链接库。

```
/bin/cp -f /usr/local/apr/include/apr-1/* /usr/local/apr/include/
mkdir -p /usr/local/apr/lib64
/bin/cp -a -f /usr/local/apr/lib/* /usr/local/apr/lib64/
```

（5）安装 Confuse

```
tar zxvf confuse-2.6.tar.gz
./configure CFLAGS=-fPIC --disable-nls --prefix=/usr/local/confuse
make
make install
```

复制动态链接库。

```
mkdir -p /usr/local/confuse/lib64
/bin/cp -a -f /usr/local/confuse/lib/* /usr/local/confuse/lib64/
```

（6）安装 PCRE

```
tar zxvf pcre.tar.gz                                    // pcre-devel.x86_64
./configure --prefix=/usr/local/pcre
make
make install
```

4.5.2 安装 Ganglia

```
./configure --prefix=/usr/local/ganglia --with-librrd=/usr/local/rrdtool --with-libpcre=/usr/local/pcre --with-libapr=/usr/local/apr --with-libexpat=/usr/local/expat --with-libconfuse=/usr/local/confuse --with-gmetad --enable-gexec --enable-status --sysconfdir=/etc/ganglia
make
make install
```

4.5.3 配置 Ganglia

（1）服务端配置

```
mkdir -p /var/lib/ganglia/rrds
mkdir -p /var/lib/ganglia/dwoo
chown -R apache:apache /var/lib/ganglia
```

配置一个数据源，修改 /etc/ganglia/gmetad.conf 文件，同时将运行用户设置为 RRDTool 的目录权限用户，如 Apache 用户。

```
data_source "my cluster" localhost
```

其中，my cluster 是数据源的名称，客户端分组会依赖此名称，后面会提到。添加自启动脚本。

```
/bin/cp -f ganglia-3.2.0/gmetad/gmetad.init /etc/init.d/gmetad
/bin/cp -f /usr/local/ganglia/sbin/gmetad /usr/sbin/gmetad
chkconfig --add gmetad
```

启动 Gmetad 服务。

```
service gmetad start
```

看见“Starting GANGLIA gmetad: [OK]”就代表运行正常了。

（2）客户端配置（Gmond 节点）

本机安装如下：

```
/bin/cp -f /usr/local/ganglia-3.2.0/gmond/gmond.init /etc/init.d/gmond
/bin/cp -f /usr/local/ganglia/sbin/gmond    /usr/sbin/gmond
chkconfig --add gmond
gmond --default_config > /etc/ganglia/gmond.conf
```

对于生成的默认配置文件需要做适当的修改。

```
cluster {
name = "unspecified"
owner = "root"
latlong = "unspecified"
url = "unspecified"
}
```

其中，name 是将要在服务端进行的分组，是服务端的数据源。接下来开启服务。

```
service gmond start
```

（3）服务端的 Web 配置

PHP 程序需要依赖 Apache 来运行，CentOS 6.3 系统安装时选择 PHP，这样就不用安装下面的依赖包了。如果需要就安装。

```
rpm -ivh php-5.3.3-14.el6_3.x86_64.rpm
rpm -ivh php-common-5.3.3-14.el6_3.x86_64.rpm
rpm   -ivh php-cli-5.3.3-14.el6_3.x86_64.rpm
rpm -ivh php-gd-5.3.3-14.el6_3.x86_64.rpm
rpm -ivh php-gd-5.3.3-14.el6_3.x86_64.rpm
rpm -ivh php-pdo-5.3.3-14.el6_3.x86_64.rpm
rpm-ivh php-xml-5.3.3-14.el6_3.x86_64.rpm
```

安装 Web 程序，这里假定 Apache 的 Root 路径在 /var/www/html 下面。

```
mkdir -p /var/www/html/ganglia
cp -a -f /usr/local/ganglia-3.2.0/web/* /var/www/html/ganglia
```

禁用 SELinux Setenforce 0 修改 RRD Tool 的路径、文件 /var/www/html/ganglia/conf.php 中的 RRD Tool。

```
define("RRDTool", "/usr/local/rrdtool/bin/rrdtool");
```

重启服务 Gmetad。

```
service  gmetad restart
```

重启 HTTPD 服务器即可看到效果 Service HTTPD Restart。

| 4.6 数据导入工具 Sqoop 的安装 |

Sqoop 是由 Hadoop 技术支持的 Clouder 公司开发的，是一个在关系数据库和 HDFS、Hive 之间进行数据导入和导出的工具。

4.6.1 安装前提

Sqoop 的安装前提：客户端已经配置好 Hadoop 环境；设置环境变量 HADOOP_HOME。

4.6.2 安装步骤

① 下载 Sqoop 压缩包。

② 将压缩包解压到安装目录：tar-zxvf 安装包安装文件。

③ Sqoop 导入 MySQL 数据运行过程中依赖 mysql-connector-java-*.jar，将这个 JAR 包复制到 Sqoop/Lib 里。

④ 修改 Sqoop 的文件 configure-sqoop，注释 HBase 和 ZooKeeper 检查（除非准备使用 HBase 等 Hadoop 上的组件）。

```
#if [ ! -d "${HBASE_HOME}" ]; then
# echo "Error: $HBASE_HOME does not exist!"
# echo 'Please set $HBASE_HOME to the root of your HBase installation.'
# exit 1
#fi
#if [ ! -d "${ZOOKEEPER_HOME}" ]; then
# echo "Error: $ZOOKEEPER_HOME does not exist!"
# echo 'Please set $ZOOKEEPER_HOME to the root of your ZooKeeper installation.'
# exit 1
#fi
```

⑤ 修改 Path，增加 Sqoop 命令。

```
$ vi  /etc/profile
```

增加以下内容：

```
export PATH=/sqoopHome/bin:$PATH
export HADOOP_MAPRED_HOME=/yourpath
```

使修改生效：

```
$  source  /etc/profile
```

现在在终端运行 Sqoop 就可以了。

⑥ 在使用 Sqoop 之前需要首先启动 Hadoop。

⑦ 在 MySQL 中建立测试用户、测试表和数据，并测试 Test 连接 MySQL。

在 MySQL 中，创建用户 Sqoop 并授权。

```
grant all privileges on *.* to  'test'@'%' identified by '123456' with grant option;
```

创建表空间，并创建测试表；插入测试数据。

⑧ 将 MySQL 中 Sqoop 表空间的 students 表的三行数据导入 HDFS。

- 启动 Hadoop。
- 用 JPS 验证启动是否成功。
- 显示正在运行以下进程即为启动成功。

```
2820 SecondaryNameNode
4539 Jps
2887 JobTracker
2595 NameNode
```

- 从 MySQL 向 HDFS 导入数据，运行如下命令。

```
#sqoop import --connect  jdbc:mysql://192.168.6.110:3306/test --username mysql --password  mysql  --table
data -m 1
```

参考文献

[1] 刘鹏 . 实战 Hadoop：开启通向云计算的捷径 [M]. 北京：电子工业出版社，2011.

[2] 刘鹏 . 云计算 [M]. 北京：电子工业出版社，2010.

第 5 章

Hello World 数据立方快速入门

前面几章已经从各方面介绍了数据立方的理论知识，本章主要介绍数据立方中的 Hello World 快速入门。这里所说的 Hello World 并不是说是像学习一门新的开发语言一样学习编写 Hello World 程序。这里是用到了 Hello World 的思想：学习枯燥的理论是很乏味的，入门从实例开始。因此，本章不会一味地介绍怎么使用数据立方，而是会以一个实例的形式贯穿整个数据立方的使用。以智慧交通数据处理为例来介绍数据立方的入门。

| 5.1 智慧交通数据处理实例 |

5.1.1 实例背景

本实例是针对北方某省公安厅各地市卡口数据处理开发的管理系统，包括车辆轨迹分析、套牌车分析、同行车分析等功能。随着时间的推移，各地市所上报卡口数据量（包括历史数据）已经达到了海量级别，使用传统数据库已经有些吃力，使用数据立方分布式数据库可以解决此问题。由于此项目涉及的表比较多，这里就选择一些表的操作来介绍数据立方的入门使用。其中需要用到3张表：kakou（卡口信息）表、kkvalue（卡口数据）表、area（地区）表。

kakou 表结构见表 5-1 所列。

表 5-1 kakou 表

字段	数据类型	描述
id	int	编号

（续表）

字段	数据类型	描述
kkid	string	卡口编号
kkname	string	卡口名称
area	int	区域 ID
xvalue	string	经度
yvalue	string	纬度

kkvalue 表结构见表 5-2 所列。

表 5-2　kkvalue 表

字段	数据类型	描述
id	int	编号
kkid	string	卡口编号
direction	string	方向
laneid	int	车道
carplate	string	车牌号
cartype	string	车辆类型
platecolor	string	车辆颜色
speed	int	速度
cartime	string	过车时间
platelocation	string	号牌归属地
carpic1	string	图片
carpic2	string	图片
carpic3	string	图片

area 表结构见表 5-3 所列。

表 5-3　area 表

字段	数据类型	描述
id	int	编号
areaname	string	地区名称
subname	string	缩写
parentid	int	区域 ID

5.1.2 建表

首先进入数据立方安装目录，进入 bin 目录，执行 datacube-shell.sh，接下来的 SQL 执行都是在此环境下执行的。

① 创建卡口信息表，数据以“,”分隔。

```
datacube> create table kakou(id int,kkid string,kkname string,area int,xvalue string ,yvalue string) row format delimited fields terminated by ',' stored as textfile;
```

② 建立卡口数据表，数据以“,”分割。

```
datacube> create table kkvalue (id int, kkid int, direction string, laneid int, carplate string, cartype string, paltecolor string, speed int, cartime string, platelocation string, carpic1 string, carpic2 string, carpic3 string) row format delimited fields terminated by ',' stored as textfile;
```

③ 建立地区表，数据以“,”分割。

```
datacube> create table area (id int, areaName string, subName string, parented int) row format delimited fields terminated by ',' stored as textfile;
```

数据格式分别如图 5-1、图 5-2 和图 5-3 所示。

```
12008,1398000011,卡口1398000011,11,114.500731,38.02819
12009,1398000012,卡口1398000012,12,114.526222,38.085598
12010,1398000013,卡口1398000013,12,114.510731,38.027871
12011,1398000014,卡口1398000014,12,114.511346,38.052723
12012,1398000015,卡口1398000015,13,114.080323,38.068356
12013,1398000016,卡口1398000016,14,114.492311,38.046081
12014,1398000017,卡口1398000017,13,114.499382,38.015569
12015,1398000018,卡口1398000018,13,114.492421,38.045591
12016,1398000019,卡口1398000019,13,114.805455,37.766386
12017,1398000020,卡口1398000020,14,114.640204,37.888061
```

图 5-1 卡口信息

```
13001,1398000011,东南,3,鲁A0088,小型车,红色,30,2014/11/13 14:52:51,山东,shandong/aa.jpg,shandong/bb.jpg,shandong/cc.jpg
13002,1398000012,向南,2,鲁A0088,小型车,红色,45,2014/11/13 14:54:43,山东,shandong/aa.jpg,shandong/bb.jpg,shandong/cc.jpg
13003,1398000013,向北,4,苏C0076,面包,灰白,30,2014/11/13 14:56:12,江苏,jiangsu/aa.jpg,jiangsu/bb.jpg,jiangsu/cc.jpg
13004,1398000014,西北,1,冀A0089,中型车,蓝色,25,2014/11/13 14:57:41,河北,hebei/aa.jpg,hebei/bb.jpg,hebei/cc.jpg
```

图 5-2 卡口数据

```
1,河北省,hb,0
2,石家庄市,sjz,1
5,保定市,bd,1
6,唐山市,ts,1
10,秦皇岛市,qhd,1
12,山东省,sds,0
13,济南市,jns,12
14,泰安市,tas,12
15,枣庄,zzh,12
16,济宁,jn,12
17,菏泽,hz,12
```

图 5-3 地区信息

5.1.3 数据入库

在数据立方 SQL 规范中，DataCube 只支持文件的导入，而不支持 INSERT 语句的单条插入操作，也不支持 DELETE 和 UPDATE 的操作，但 DataCube 提供了数据插入的 API，可以在应用程序中将单条、多条记录插入表中。详细了解请查看第 6 章。

（1）卡口信息表入库

```
datacube> load data local inpath '/usr/local/datacube-1.0/data/kakou' overwrite into table kakou;
```

（2）卡口数据入库

```
datacube> load data local inpath '/usr/local/datacube-1.0/data/kakou' overwrite into table kakou;
```

（3）地区表

```
datacube> load data local inpath '/usr/local/datacube-1.0/data/kakou' overwrite into table kakou;
```

5.1.4 数据查询

① 查询所有卡口信息。

```
datacube > select * from kakou;
```

结果如图 5-4 所示。

```
datacube > SELECT * FROM kakou;
12008   1398000011      卡口1398000011  11      114.500731      38.02819
12009   1398000012      卡口1398000012  12      114.526222      38.085598
12010   1398000013      卡口1398000013  12      114.510731      38.027871
12011   1398000014      卡口1398000014  12      114.511346      38.052723
12012   1398000015      卡口1398000015  13      114.080323      38.068356
12013   1398000016      卡口1398000016  14      114.492311      38.046081
12014   1398000017      卡口1398000017  13      114.499382      38.015569
12015   1398000018      卡口1398000018  13      114.492421      38.045591
12016   1398000019      卡口1398000019  13      114.805455      37.766386
12017   1398000020      卡口1398000020  14      114.640204      37.888061
```

图 5-4 查询所有卡口信息

② 查询山东省济南市所有的卡口信息。

```
datacube > SELECT * FROM kakou WHERE area = ( SELECT id FROM area a WHERE a.name = ' 济南市 ')
```

查询结果如图 5-5 所示。

```
datacube > SELECT * FROM kakou WHERE area = ( SELECT id FROM area a WHERE a.name = '济南市')
12012   1398000015      卡口1398000015  13      114.080323      38.068356
12014   1398000017      卡口1398000017  13      114.499382      38.015569
12015   1398000018      卡口1398000018  13      114.492421      38.045591
12016   1398000019      卡口1398000019  13      114.805455      37.766386
```

图 5-5 条件查询卡口信息

③ 查询车牌号为“鲁 A0088”的车在 2013 年 2 月 1 日到 2013 年 4 月 1 日所经过的卡口，即行车轨迹。

```
datacube > SELECT k.kkname,kk.carplate,kk.cartime FROM kakou k JOIN kkvalue kk ON k.kkid = kk.kkid
WHERE kk.carplate =' 鲁 A0088' and kk.cartime > '2013-02-01 00:00:00' and kk.cartime < '2013-04-01 00:00:00'
```

查询结果如图 5-6 所示。

```
datacube > SELECT k.kkname,kk.carplate,kk.cartime FROM kakou k JOIN kkvalue kk ON k.kkid = kk.kkid WHERE
kk.carplate ='鲁A0088' and kk.cartime > '2013-02-01 00:00:00' and kk.cartime < '2013-04-01 00:00:00'
卡口1398000011   鲁A0088   2013-03-09 14:52:51
卡口1398000012   鲁A0088   2013-02-13 15:54:43
```

图 5-6　查询行车轨迹

5.2 编程实现

以上都是在 DataCube Shell 命令窗口下直接执行的 SQL 语句，下面介绍下以客户端编码方式实现对数据立方的操作。

示例如下：

```
public class QueryDemo {
  public static void main(String[] args) throws TException {
  Connection con = new Connection("192.168.139.21", 21000); // 连接服务端
  con.open();   // 打开连接
  Query query = new Query();
  query.setQuery("select * from db_student limit 100");
  query.setHadoopUser("hadoop"); // 新建一个查询
  QueryExplanation explanation = con.explainQuery(query);
  System.out.println(explanation.getTextual());// 解释查询计划
  QueryHandle handle = con.query(query); // 执行查询获得查询句柄
  ResultsMetadata metadata = con.getResultsMetadata(handle);// 获得查询元数据
  System.out.println(metadata.getDelim());// 获得返回结果集字段分隔符
  for (FieldSchema schema : metadata.getSchema().getFieldSchemas()) {
      System.out.println(schema.getName() + "-->" + schema.getType());
} // 输出查询结果的元数据
  List<String> list = con.getResult(handle); // 获得查询结果
```

```
    for (String string : list) {
        System.out.println(string);
    }
    con.close(); // 关闭连接
    }
    }
```

第 6 章

数据立方开发

本章详细阐述数据立方研发设计的全部过程。在内容上首先介绍数据立方的开发说明，包括具体的开发流程和数据立方的 SQL 语言分类；其次，通过具体的实例介绍 SQL 规范语句，让读者熟练掌握数据定义、数据操作语言、数据查询语言、聚合函数、排序函数、多表关联等具体操作；然后详细解读数据入库接口开发和数据查询接口开发的过程，包括开发说明、接口介绍和应用实例等；最后介绍数据立方 ETL 工具 Sqoop 的命令及其使用。

| 6.1 数据立方的开发说明 |

数据立方的开发流程与传统数据库类似，首先需要对需求进行分析，根据分析建立数据表和关系表，同时设计数据入库的方式与查询语句，另外还要与上层应用对接。数据立方支持主流数据库的大部分 SQL 语句，此外还提供了数据立方独有的 SQL 语句，因此，数据库开发人员可以很简单地将应用迁移到数据立方上。

数据立方的 SQL 语言有以下 3 个部分。

（1）数据定义语言

DDL 提供定义、修改、删除数据库的命令以及定义、修改、删除表的命令。

（2）数据操作语言

DML 包括 INSERT 等语句，用于向数据库的表中插入数据。

（3）数据查询语言

数据查询语句（Data Query Language，DQL）包括了 SELECT、WHERE、ORDER BY、GROUP BY 和 HAVING 等语句，用以从表中获得数据，并确定查询结果以怎样的形式给出。

下面介绍数据立方的 SQL 规范。

| 6.2 数据立方 SQL 规范 |

本节将通过一个具体的示例介绍 SQL 规范语句。其中需要用到 3 张表：cdr（话单）表、mobilephone（手机号码信息）表和 customer（用户信息）表。

cdr 表结构见表 6-1 所列。

表 6-1　cdr 表

字段	数据类型	描述
date	string	日期
time	string	接通时间
calling_time	int	呼叫时长
cdr_type	string	呼叫类型
imsi	bigint	IMSI 号
calling_num	bigint	主叫号码
called_num	bigint	被叫号码
city	string	地市

mobilephone 表见表 6-2 所列。

表 6-2　mobilephone 表

字段	类型	描述
mobile_no	bigint	手机号码
id_number	string	用户身份证号
imsi	bigint	IMSI 号
city	string	地市

customer 表见表 6-3 所列。

表 6-3　customer 表

字段	类型	描述
id_number	string	身份证号
name	string	用户名

6.2.1 数据定义与数据操作语言

（1）CREATE DATABASE（建库）

CREATE DATABASE 指创建一个指定的数据库，在这个库中可以建多个数据表。当建库时，若该库已存在，则会报错。

语法：

```
CREATE DATABASE database_name
```

示例：创建 cdr 库。

```
datacube> create database cdrdb;
```

（2）DROP DATABASE（删除数据库）

删除数据库之前必须删除库内的所有表，否则会报错。

语法：

```
DROP DATABASE database_name
```

示例：删除 cdr 库。

```
datacube> drop database cdrdb;
```

（3）USE DATABASE（连接使用数据库）

USE DATABASE 指连接使用一个指定的当前数据库，若没有该库，则会报错。

语法：

```
USE DATABASE database_name
```

示例：使用 cdr 库。

```
datacube> use database cdrdb;
```

（4）SHOW DATABASE（查看数据库）

SHOW DATABASE 指给出当前所有的数据库。

语法：

```
SHOW DATABASES
```

示例：查看数据库。

```
datacube> show databases;
```

（5）CREATE TABLE（建表）

CREATE TABLE 指创建一个指定名字的表。如果相同名字的表已经存在，则抛出异常；用户可以用 IF NOT EXIST 选项来忽略这个异常。

LIKE 允许用户复制现有的表结构，但是不复制数据。

当前数据立方的数据只支持纯文本，使用 STORED AS TEXTFILE 子句。

表在创建时可以使用 PARTITIONED BY 语句划分分区。一个表可以拥有一个或者多个分区，每一个分区单独存在一个目录下。在分区子句中，需要将分区字段的最小值写入注释中（表名和列名不区分大小写，属性名区分大小写；表和列的注释是字符串）。

语法：

```
CREATE [EXTERNAL] TABLE [IF NOT EXISTS] table_name
  [(col_name data_type [COMMENT col_comment], ...)]
  [COMMENT table_comment]
  [PARTITIONED BY (col_name data_type [COMMENT col_comment], ...)]
  [SORTED BY (col_name [ASC|DESC], ...)]
  [[ROW FORMAT row_format] [STORED AS TEXTFILE] ]

CREATE [EXTERNAL] TABLE [IF NOT EXISTS] table_name
LIKE existing_table_name
  [LOCATION hdfs_path]


data_type
  : TINYINT
  | SMALLINT
  | INT
  | BIGINT
  | BOOLEAN
  | FLOAT
  | DOUBLE
  | STRING
```

示例 1：创建 cdr 表，数据以“,”分隔。

```
datacube> create table cdr (data_date string,time string,calling_time int,cdr_type string,imsi bigint,calling_num bigint,called_num bigint,city string) row format delimited fields terminated by ',' stored as textfile;
```

示例 2：创建 mobilephone 表，数据以“,”分隔。

```
datacube> create table mobilephone(mobile_no bigint,id_number string,imsi bigint,city string) row format delimited fields terminated by ',' stored as textfile;
```

示例 3：创建 customer 表，数据以“,”分隔。

```
datacube> create table customer(id_number string,name string) row format delimited fields terminated by ',' stored as textfile;
```

数据格式分别如图 6-1、图 6-2 和图 6-3 所示。

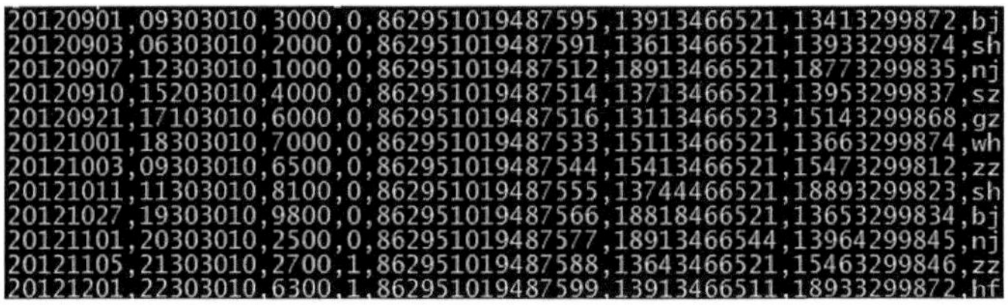

```
20120901,09303010,3000,0,862951019487595,13913466521,13413299872,bj
20120903,06303010,2000,0,862951019487591,13613466521,13933299874,sh
20120907,12303010,1000,0,862951019487512,18913466521,18773299835,nj
20120910,15203010,4000,0,862951019487514,13713466521,13953299837,sz
20120921,17103010,6000,0,862951019487516,13113466523,15143299868,gz
20121001,18303010,7000,0,862951019487533,15113466521,13663299874,wh
20121003,09303010,6500,0,862951019487544,15413466521,15473299812,zz
20121011,11303010,8100,0,862951019487555,13744466521,18893299823,sh
20121027,19303010,9800,0,862951019487566,18818466521,13653299834,bj
20121101,20303010,2500,0,862951019487577,18913466544,13964299845,nj
20121105,21303010,2700,1,862951019487588,13643466521,15463299846,zz
20121201,22303010,6300,1,862951019487599,13913466511,18933299872,hf
```

图 6-1　cdr 数据格式

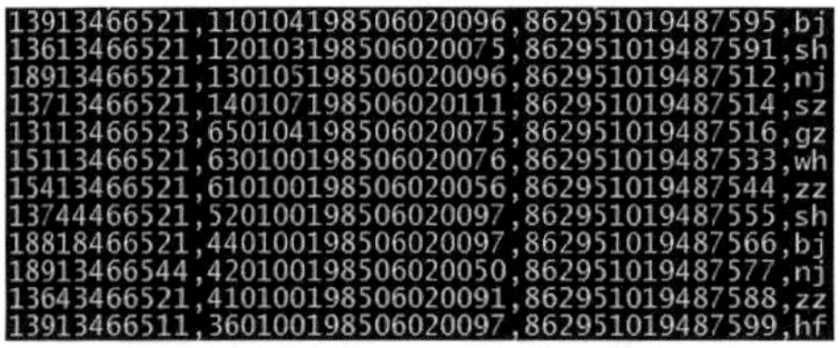

```
13913466521,110104198506020096,862951019487595,bj
13613466521,120103198506020075,862951019487591,sh
18913466521,130105198506020096,862951019487512,nj
13713466521,140107198506020111,862951019487514,sz
13113466523,650104198506020075,862951019487516,gz
15113466521,630100198506020076,862951019487533,wh
15413466521,610100198506020056,862951019487544,zz
13744466521,520100198506020097,862951019487555,sh
18818466521,440100198506020097,862951019487566,bj
18913466544,420100198506020050,862951019487577,nj
13643466521,410100198506020091,862951019487588,zz
13913466511,360100198506020097,862951019487599,hf
```

图 6-2　mobilephone 数据格式

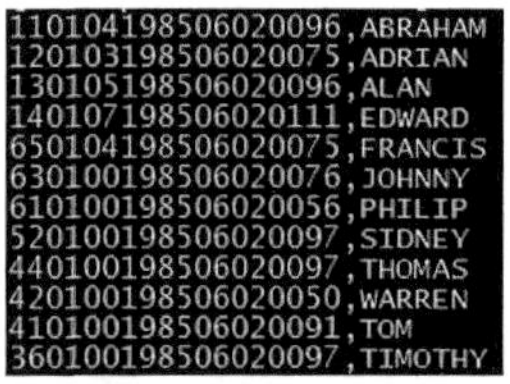

```
110104198506020096,ABRAHAM
120103198506020075,ADRIAN
130105198506020096,ALAN
140107198506020111,EDWARD
650104198506020075,FRANCIS
630100198506020076,JOHNNY
610100198506020056,PHILIP
520100198506020097,SIDNEY
440100198506020097,THOMAS
420100198506020050,WARREN
410100198506020091,TOM
360100198506020097,TIMOTHY
```

图 6-3　customer 数据格式

（6） DROP TABLE（删除表）

删除一个内部表的同时会删除表的元数据和数据。

语法：

```
DROP TABLE table_name
```

示例：删除 cdr 表。

```
datacube> drop table cdr;
```

（7）SHOW TABLES（查看当前数据库中的表）

删除一个内部表的同时会删除表的元数据和数据。

语法：

```
SHOW TABLES
```

示例 1：查看 cdrdb 库中的表。

```
datacube> use database cdrdb;
datacube> show tables;
```

示例 2：查看所有表名，如图 6-4 所示。

查看表名，部分匹配，查看以 _table 结尾的表，如图 6-5 所示。

```
datacube> show tables '*mer';
```

```
datacube> show tables;
OK
cdr
customer
mobilephone
Time taken: 0.092 seconds
```

图 6-4　查看所有表名

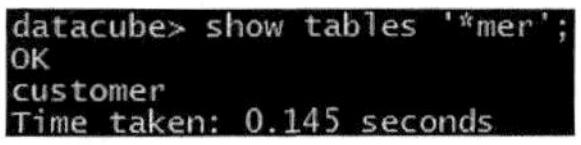

```
datacube> show tables '*mer';
OK
customer
Time taken: 0.145 seconds
```

图 6-5　查看以 _table 结尾的表

（8）修改一个表的一个列属性

这个命令可以允许改变列名、数据类型、注释、列位置或者它们的任意组合。

```
ALTER TABLE table_name CHANGE [COLUMN] col_old_name col_new_name column_type [COMMENT col_comment] [FIRST|AFTER column_name]
```

示例：先查看表结构，如图 6-6 所示。

```
datacube> desc cdr;
```

将 calling_time 字段修改为 bigint 类型，如图 6-7 所示。

```
datacube> alter table cdr change calling_time calling_time bigint;
```

修改成功，如图 6-7 所示。

图 6-6　查看表结构

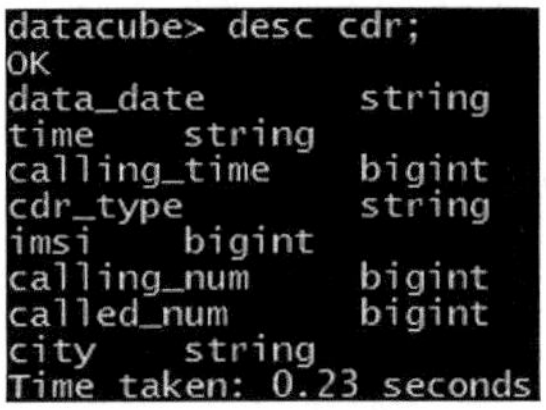

图 6-7　将 calling_time 字段修改为 bigint 类型

（9）为一个表添加一个别名

这个命令可以让用户为表更名。数据所在的位置和分区名并不改变。换而言之，老的表名并未“释放”，对老表的更改会改变新表的数据。

```
ALTER TABLE table_name RENAME TO new_ table_name
```

示例：将表 cdr 更名为 cdr_x。

```
datacube> alter table cdr rename to cdr_x;
```

（10）新增一列

ADD 是代表新增字段，字段位置在所有列后面（分区列前）；REPLACE 则是表示替换表中所有字段。

```
ALTER TABLE table_name ADD|REPLACE COLUMNS (col_name data_type [COMMENT col_comment], ...)
```

示例：新增一列 mobile double 类型，如图 6-8 所示。

```
datacube> alter table cdr add columns (mobile double);
```

（11）查看表结构

```
DESCRIBE table_name;
```

示例：查看 cdr 表结构，如图 6-9 所示。

```
datacube> desc cdr;
```

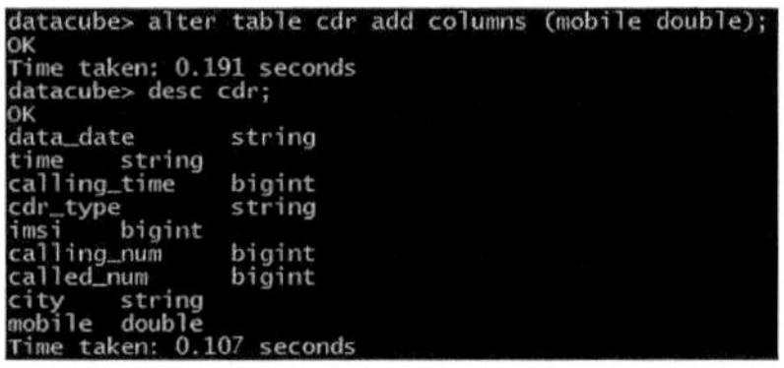

```
datacube> alter table cdr add columns (mobile double);
OK
Time taken: 0.191 seconds
datacube> desc cdr;
OK
data_date       string
time    string
calling_time    bigint
cdr_type        string
imsi    bigint
calling_num     bigint
called_num      bigint
city    string
mobile  double
Time taken: 0.107 seconds
```

图 6-8　新增一列 mobile double 类型

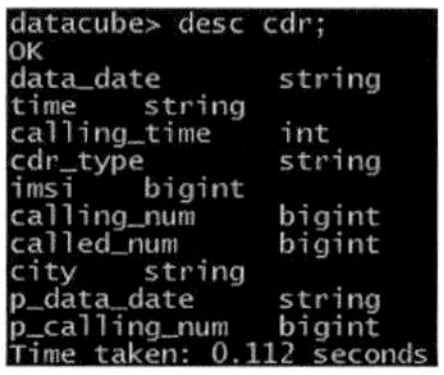

```
datacube> desc cdr;
OK
data_date       string
time    string
calling_time    int
cdr_type        string
imsi    bigint
calling_num     bigint
called_num      bigint
city    string
p_data_date     string
p_calling_num   bigint
Time taken: 0.112 seconds
```

图 6-9　查看 cdr 表结构

（12）创建分区

DataCube 使用了分区概念，有了分区就可以更好地管理数据，可以大大加快查询速度。DataCube 的分区通过在创建表时启用 PARTITION BY 实现，用来 PARTITION 的维度并不是实际数据的某一列，具体分区的标志是在插入内容时给定的。当要查询某一分区的内容时，可以采用 WHERE 语句，形似 where tablename.partition_key > a 来实现。

示例 1：创建表 cdr 包含 8 个字段，其中以与 data_date 字段对应的 p_data_date 作为分区字段。

```
datacube> create table cdr (data_date string,time string,calling_time int,cdr_type string,imsi bigint,calling_num bigint,called_num bigint,city string) partitioned by(p_data_date string)row format delimited fields terminated by ',' stored as textfile;
```

示例 2：创建表 mobilephone 包含 4 个字段，其中以与 mobile_no 字段对应的 p_ mobile_no 作为分区字段。

```
datacube> create table mobilephone(mobile_no bigint,id_number string,imsi bigint,city string) partitioned by(p_mobile_no    string) row format delimited fields terminated by ',' stored as textfile;
```

在分区时，可以以多个字段作为分区。

（13）为一个表添加一个分区

可以为一个已经存在的表添加一个分区。

```
ALTER TABLE table_name ADD [IF NOT EXISTS] partition_spec [ LOCATION 'location1' ] partition_spec [ LOCATION 'location2' ] ...

partition_spec:

  : PARTITION (partition_col = partition_col_value, partition_col = partiton_col_value, ...)
```

示例：为 cdr 添加一个 p_calling_num ='188' 的分区。

```
datacube> alter table cdr add partition(p_calling_num='188');
```

（14）为一个表删除一个分区

```
ALTER TABLE table_name DROP partition_spec, partition_spec,...
```

示例：删除 cdr 表 p_calling_num ='188' 的分区。

```
datacube> alter table cdr drop partition(p_calling_num='188');
```

（15）查看分区

查看某表的所有分区，如果没有就报错。

```
SHOW PARTITIONS page_view;
```

示例：查看 couse 表的分区，如图 6-10 所示。

```
datacube> show partitions cdr;
```

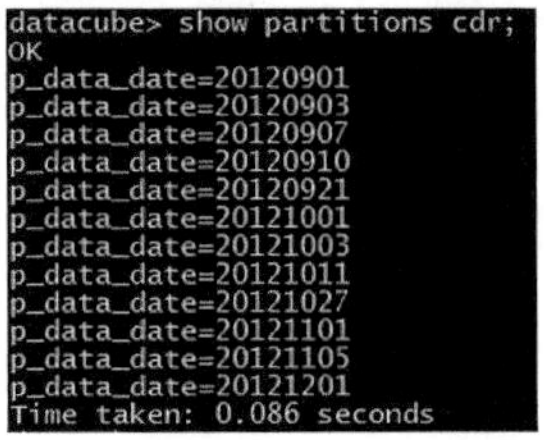

```
datacube> show partitions cdr;
OK
p_data_date=20120901
p_data_date=20120903
p_data_date=20120907
p_data_date=20120910
p_data_date=20120921
p_data_date=20121001
p_data_date=20121003
p_data_date=20121011
p_data_date=20121027
p_data_date=20121101
p_data_date=20121105
p_data_date=20121201
Time taken: 0.086 seconds
```

图 6-10 查看 couse 表的分区

（16）LOAD（数据加载）

数据立方加载数据没有做任何转换，加载到表中的数据只是根据相应的配置单元表的位置移动数据文件。纯加载操作复制 / 移动操作。

```
LOAD DATA [LOCAL] INPATH'filepath' [OVERWRITE] INTO TABLE tablename [PARTITION
(partcol1=val1, partcol2=val2 ...)]
```

LOAD 操作只是单纯的复制 / 移动操作，将数据文件移动到 DataCube 表的对应位置。

① FilePath 需要的是绝对路径，如 /usr/local/datacube-1.0/data/cdr。

② 加载的目标可以是一个表或者分区。如果表包含分区，必须指定每一个分区的分区名。

③ FilePath 可以引用一个文件（这种情况下，DataCube 会将文件移动到表所对应的目录中）或者一个目录（这种情况下，DataCube 会将目录中的所有文件移动至表所对应的目录中）。

④ 如果指定了 LOCAL，那么 LOAD 命令会去查找本地文件系统中的 FilePath，LOAD 命令会将 FilePath 中的文件复制到目标文件系统中。目标文件系统由表的位置属性决定。被复制的数据文件移动到表的数据对应的位置。

⑤ 如果没有指定 LOCAL 关键字，Hive 会默认将 HDFS 中 FilePath 下指定的文件内容移动到 Table（或者分区）所指定的路径中。

⑥ 如果使用了 OVERWRITE 关键字，则目标表（或者分区）中的内容（如果有）会被删除，然后再将 FilePath 指向的文件 / 目录中的内容添加到表 / 分区中。

⑦ 如果目标表（分区）已经有一个文件，并且文件名和 FilePath 中的文件名冲突，那么现有的文件会被新文件所替代。

从本地导入数据到 customer 表。

```
datacube> load data local inpath '/usr/local/datacube-1.0/data/customer' overwrite into table customer;
```

从本地导入数据到表 cdr_tmp 中。

① 建临时表 cdr_tmp。

```
datacube> create table cdr_tmp (data_date string,time string,calling_time int,cdr_type string,imsi bigint,calling_num bigint,called_num bigint,city string) row format delimited fields terminated by ',' stored as textfile;
```

② 从本地加载数据到 cdr_tmp 中。

```
datacube> load data inpath '/usr/local/datacube-1.0/data/cdr' overwrite into table cdr_tmp;
```

从 HDFS 导入数据到表 mobilephone_tmp 中。

① 建临时表 mobilephone_tmp。

```
datacube> create table mobilephone_tmp(mobile_no bigint,id_number string,imsi bigint,city string) row format delimited fields terminated by ',' stored as textfile;
```

② 从 HDFS 中加载数据到 cdr_tmp 中。

```
datacube> load data inpath'/data/mobilephone'overwrite into table mobilephone_tmp;
```

（17）数据插入

在数据立方 SQL 规范中，DataCube 只支持文件的导入而不支持 INSERT 语句的单条插入操作，也不支持 DELETE 和 UPDATE 的操作，但 DataCube 提供了数据插入的 API，可以在应用程序中将单条、多条记录插入表中。

INSERT 的语法如下：

```
INSERT INTO TABLE tablename [PARTITION (partcol1=val1, partcol2=val2 ...)] select_statement FROM from_statement
```

示例：启动 $DATACUBE_HOME/sbin/datacube-shell.sh。

首先连接一个 DataCube 节点，使用 cdrdb 数据库并执行 Refresh 同步后，将 cdr_tmp 表中 2012 年 9 月 1 日的数据插入 cdr 表中。类似地，可以将所有数据插入 cdr 表中。

```
[192.168.139.21:21000] >connect 192.168.139.21
[192.168.139.21:21000] >use cdrdb
[192.168.139.21:21000] >refresh
[192.168.139.21:21000] > insert into table cdr partition(p_data_date='20120901') select * from cdr_tmp where data_date="20120901"
```

查看分区 p_data_date='20120901' 中的数据，如图 6-11 所示。

```
[192.168.139.21:21000] >select * from cdr where p_data_date='20120901'
```

```
[192.168.139.21:21000] > select * from cdr where p_data_date="20120901"
20120901        20120901        09303010        3000    0       862951019487595 13913466521     13413299872     bj
```

图 6-11　查看分区 p_data_date='20120901' 中的数据

将 mobilephone_tmp 表中 131 号段的数据插入 mobilephone 表中，类似地，可以将所有数据插入 mobilephone 表中。

```
[192.168.139.21:21000] > insert into table  mobilephone  partition (p_mobile_no= 13100000000)  select * from  mobilephone_tmp  where  mobile_no>13099999999  and mobile_no <13200000000
```

查看分区 p_mobile_no="13100000000" 中的数据，如图 6-12 所示。

```
[192.168.139.21:21000] > select * from mobilephone where p_mobile_no="13100000000"
```

```
[192.168.139.21:21000] > select * from mobilephone where p_mobile_no="13100000000"
13100000000     13113466523     650104198506020075      862951019487516 gz
```

图 6-12　查看分区 p_mobile_no="13100000000" 中的数据

（18）查看表分区定义

```
DESCRIBE EXTENDED table_name PARTITION (ds='partition_name');
```

示例：查看 PARTITION 分区，如图 6-13 所示。

```
datacube> describe extended cdr partition (p_data_date=20120901);
```

```
datacube> describe extended cdr partition (p_data_date=20120901);
OK
data_date       string
time    string
calling_time    int
cdr_type        string
imsi    bigint
calling_num     bigint
called_num      bigint
city    string
p_data_date     string

Detailed Partition Information  Partition(values:[20120901], dbName:cdrdb, tableName:cdr, createTime:1358652751, lastA
ccessTime:0, sd:StorageDescriptor(cols:[FieldSchema(name:data_date, type:string, comment:null), FieldSchema(name:time,
 type:string, comment:null), FieldSchema(name:calling_time, type:int, comment:null), FieldSchema(name:cdr_type, type:s
tring, comment:null), FieldSchema(name:imsi, type:bigint, comment:null), FieldSchema(name:calling_num, type:bigint, co
mment:null), FieldSchema(name:called_num, type:bigint, comment:null), FieldSchema(name:city, type:string, comment:null
), FieldSchema(name:p_data_date, type:string, comment:null)], location:hdfs://64master0:8020/user/hive/warehouse/cdrdb
.db/cdr/p_data_date=20120901, inputFormat:org.apache.hadoop.mapred.TextInputFormat, outputFormat:org.apache.hadoop.hiv
e.ql.io.HiveIgnoreKeyTextOutputFormat, compressed:false, numBuckets:-1, serdeInfo:SerDeInfo(name:null, serializationLi
b:org.apache.hadoop.hive.serde2.lazy.LazySimpleSerDe, parameters:{serialization.format=,, field.delim=,}), bucketCols:
[], sortCols:[], parameters:{}), parameters:{transient_lastDdlTime=1358652751})
Time taken: 0.195 seconds
```

图 6-13　查看 PARTITION 分区

（19）创建视图

VIEW 是逻辑存在，暂不支持物化视图。

```
CREATE VIEW [IF NOT EXISTS] view_name [ (column_name [COMMENT column_comment], ...) ]
[COMMENT view_comment]
[TBLPROPERTIES (property_name = property_value, ...)]
AS SELECT ...
```

6.2.2 数据查询语言

数据查询的 SQL 语句通过启动 $DATACUBE_HOME/sbin/datacube-shell.sh 来执行。

1. SELECT 查询

语法：

```
SELECT [ALL | DISTINCT] select_expr, select_expr, ...
FROM table_reference
[WHERE where_condition]
[GROUP BY col_list]
[ CLUSTER BY col_list | [DISTRIBUTE BY col_list] [SORT BY col_list]]
[LIMIT number]
```

示例：查询 cdr 表中的所有结果，如图 6-14 所示。

```
[192.168.139.21:21000] > select * from cdr;
```

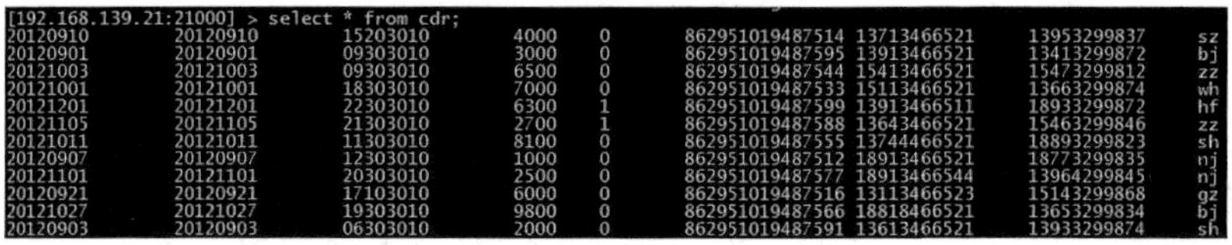

```
[192.168.139.21:21000] > select * from cdr;
20120910    20120910    15203010    4000    0    862951019487514 13713466521    13953299837    sz
20120901    20120901    09303010    3000    0    862951019487595 13913466521    13413299872    bj
20121003    20121003    09303010    6500    0    862951019487544 15413466521    15473299812    zz
20121001    20121001    18303010    7000    0    862951019487533 15113466521    13663299874    wh
20121201    20121201    22303010    6300    1    862951019487599 13913466511    18933299872    hf
20121105    20121105    21303010    2700    1    862951019487588 13643466521    15463299846    zz
20121011    20121011    11303010    8100    0    862951019487555 13744466521    18893299823    sh
20120907    20120907    12303010    1000    0    862951019487512 18913466521    18773299835    nj
20121101    20121101    20303010    2500    0    862951019487577 18913466544    13964299845    nj
20120921    20120921    17103010    6000    0    862951019487516 13113466523    15143299868    gz
20121027    20121027    19303010    9800    0    862951019487566 18818466521    13653299834    bj
20120903    20120903    06303010    2000    0    862951019487591 13613466521    13933299874    sh
```

图 6-14 查询 cdr 表中的所有结果

SELECT 子句中还可含有带“+、-、*、/”的算术表达式，运算对象可以是常数或字段。

示例：查询结果中属性 calling_time 的值是原来的 100 倍，如图 6-15 所示。

```
[192.168.139.21:21000] > select calling_time*100 from cdr;
```

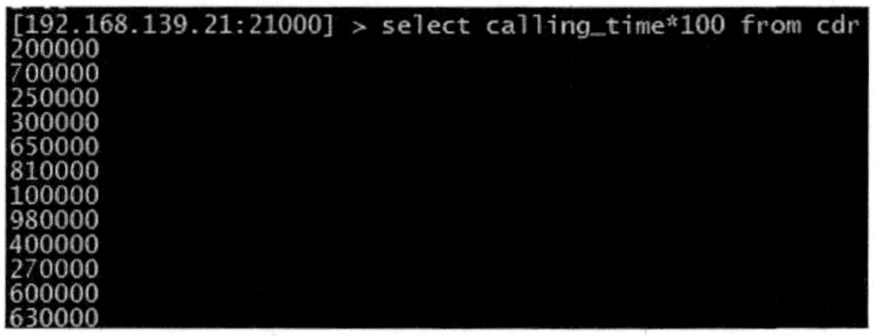

```
[192.168.139.21:21000] > select calling_time*100 from cdr
200000
700000
250000
300000
650000
810000
100000
980000
400000
270000
600000
630000
```

图 6-15 查询结果中属性 calling_time 的值是原来的 100 倍

SELECT 子句中可以加入关键词 distinct 删除重复。

示例：查询 cdr 表中通话所在城市，如图 6-16 所示。

```
[192.168.139.21:21000] > select city from cdr;
```

加上 distinct，如图 6-17 所示。

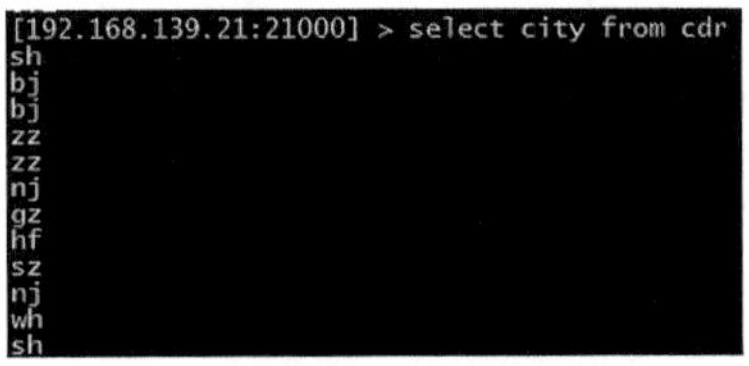

图 6-16　查询 cdr 表中通话所在城市

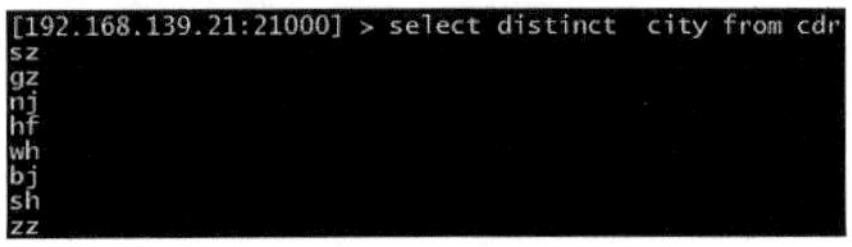

图 6-17　加上 distinct

2．AS 子句

数据立方提供了为关系重新命名的子句，可以通过如下形式的 AS 子句来进行。

```
[192.168.139.21:21000] > select c.city from cdr as c;
```

3．正则表达式模糊查询

```
[192.168.137.102:21000] > select * from test1 where name like 'z_l';
```

查询以 z 开头、以 l 结尾的记录，长度为 3。

4．WHERE 子句

数据立方在 WHERE 子句中使用逻辑连词“and”“or”和“not”，此外还提供“between”比较运算符来说明一个值是小于等于某个值还是大于等于另一个值。

示例：查询 cdr 表中通话时长在 2~5 s 的主叫号码，如图 6-18 所示。

```
[192.168.139.21:21000] > select calling_num,calling_time from cdr where calling_time between 2000 and 5000;
```

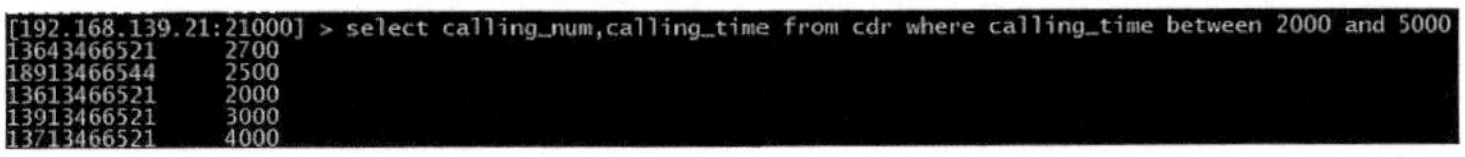

图 6-18　查询 cdr 表中通话时长在 2~5 s 的主叫号码

示例：查询 cdr 表中通话时长不在 2~5 s 的主叫号码，如图 6-19 所示。

```
[192.168.139.21:21000] > select calling_num,calling_time from cdr where calling_time    not between 2000 and 5000;
```

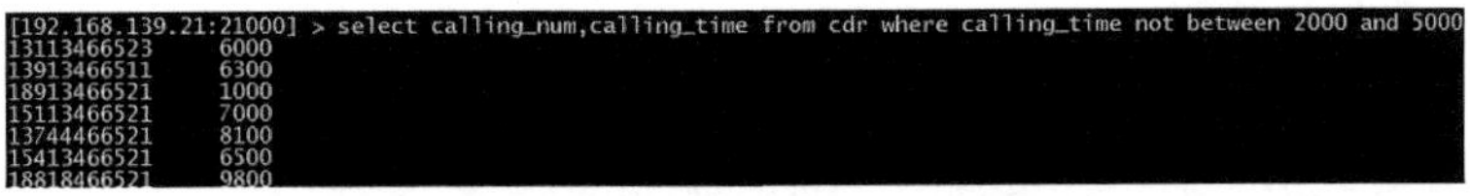

图 6-19　查询 cdr 表中通话时长不在 2~5 s 的主叫号码

数据立方支持字符串运算符“like”。

示例：查询 customer 表中名字以“A”开头的用户，如图 6-20 所示。

```
[192.168.139.21:21000] > select name from customer where name like "A%";
```

```
[192.168.139.21:21000] > select name from customer where name like "A%"
ABRAHAM
ADRIAN
ALAN
```

图 6-20　查询 customer 表中名字以 "A" 开头的用户

示例：查询 customer 表中名字不以“A”开头的用户，如图 6-21 所示。

```
[192.168.139.21:21000] > select name from customer where name not like "A%";
```

```
[192.168.139.21:21000] > select name from customer where name not like "A%"
EDWARD
FRANCIS
JOHNNY
PHILIP
SIDNEY
THOMAS
WARREN
TOM
TIMOTHY
```

图 6-21　查询 customer 表中名字不以 "A" 开头的用户

5. 聚合函数

基本语法：

```
SELECT expression (, expression)* FROM src [GROUP BY col_list]
```

聚合可进一步分为多个表，甚至发送到 Hadoop 的 HDFS 文件（可以进行操作，然后使用 HDFS 的 Utilitites）。例如，可以统计主叫与被叫的记录，如图 6-22 所示。

```
[192.168.139.21:21000] > select count(*) from cdr group by cdr_type;
```

```
[192.168.139.21:21000] > select count(*) from cdr group by cdr_type;
10
2
```

图 6-22　统计主叫与被叫的记录

数据立方支持的聚合函数有平均值 avg()、最小值 min()、最大值 max()、总和 sum()、计数 count()。

6. HAVING 子句

HAVING 子句中的谓词在形成分组后才起作用，因此可以使用聚合函数。

示例：查询 cdr 表中以 cdr_type 分类后主叫时长平均值大于 4 500 的值，如图 6-23 所示。

```
[192.168.139.21:21000] > select avg(calling_time) from cdr group by cdr_type having avg(calling_time)>4500;
```

```
[192.168.139.21:21000] > select avg(calling_time) from cdr group by cdr_type
4990
4500
[192.168.139.21:21000] > select avg(calling_time) from cdr group by cdr_type having avg(calling_time)>4500
4990
```

图 6-23　查询 cdr 表中以 cdr_type 分类后主叫时长平均值大于 4 500 的值

7. 返回指定数量的记录

LIMIT 可以限制查询的记录数，查询的结果是随机选择的。下面的查询语句从 cdr 表中随机查询 8 条记录，如图 6-24 所示。

```
[192.168.139.21:21000] > select * from cdr limit 8;
```

```
[192.168.139.21:21000] > select * from cdr limit 8;
20120910    20120910    15203010    4000    0    862951019487514 13713466521    13953299837    sz
20120921    20120921    17103010    6000    0    862951019487516 13113466523    15143299868    gz
20121001    20121001    18303010    7000    0    862951019487533 15113466521    13663299874    wh
20121105    20121105    21303010    2700    1    862951019487588 13643466521    15463299846    zz
20120907    20120907    12303010    1000    0    862951019487512 18913466521    18773299835    nj
20121011    20121011    11303010    8100    0    862951019487555 13744466521    18893299823    sh
20120901    20120901    09303010    3000    0    862951019487595 13913466521    13413299872    bj
20121027    20121027    19303010    9800    0    862951019487566 18818466521    13653299834    bj
```

图 6-24 从 cdr 表中随机查询 8 条记录

8. 排序函数

ORDER BY 语法：必须写限定 LIMIT。

```
SELECT expression (',' expression)* FROM src ORDER BY colName  ( ASC | DESC ) (',' colName  ( ASC | DESC ))* LIMIT num
```

示例：cdr 表中的记录按照通话时长排序，并取前 5 个最短的，如图 6-25 所示。

```
[192.168.139.21:21000] > select * from cdr order by calling_time limit 5;
```

```
[192.168.139.21:21000] > select * from cdr order by calling_time limit 5;
20120907    20120907    12303010    1000    0    862951019487512 18913466521    18773299835    nj
20120903    20120903    06303010    2000    0    862951019487591 13613466521    13933299874    sh
20121101    20121101    20303010    2500    0    862951019487577 18913466544    13964299845    nj
20121105    20121105    21303010    2700    1    862951019487588 13643466521    15463299846    zz
20120901    20120901    09303010    3000    0    862951019487595 13913466521    13413299872    bj
```

图 6-25 cdr 表中的记录按照通话时长排序（取前 5 个最短的）

9. 多表关联

语法：

```
    select_statement  {LEFT|RIGHT|FULL} [OUTER] JOIN table_name1  [join_condition]
  | [{LEFT|RIGHT|FULL} [OUTER] JOIN table_name2  [join_condition]  ...]
  | where_statement

join_condition:
    ON equality_expression ( AND equality_expression )*

equality_expression:
    expression = expression
```

DataCube 目前只支持等值连接（Equality Join）、外连接（Outer Join）和左 / 右完全连接（Left/Right Full Join），不支持所有非等值的连接，但支持多于两个表的连接。

示例：cdr 表与 mobilephone 表通过电话号码关联，如图 6-26 所示。

```
[192.168.139.21:21000] > select * from cdr join mobilephone on cdr.calling_num= mobilephone.mobile_no;
```

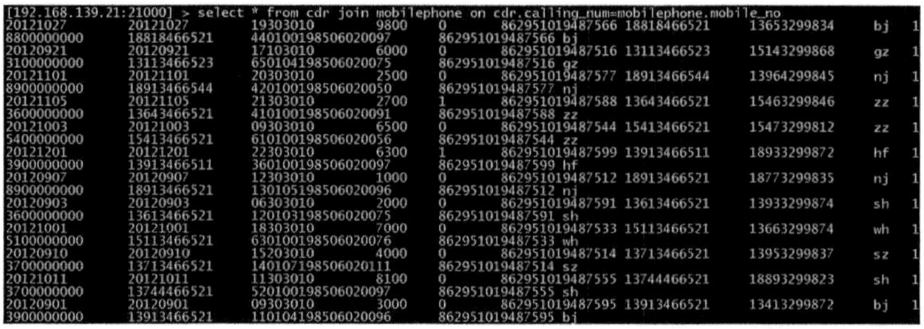

```
[192.168.139.21:21000] > select * from cdr join mobilephone on cdr.calling_num=mobilephone.mobile_no
20121027        20121027        19303010        9800    0       862951019487566 18818466521     13653299834     bj      1
8800000000      18818466521     440100198506020097      862951019487566 bj
20120921        20120921        17103010        6000    0       862951019487516 13113466523     15143299868     gz      1
3100000000      13113466523     650104198506020075      862951019487516 gz
20121101        20121101        20303010        2500    0       862951019487577 18913466544     13964299845     nj      1
8900000000      18913466544     420100198506020050      862951019487577 nj
20121105        20121105        21303010        2700    1       862951019487588 13643466521     15463299846     zz      1
3600000000      13643466521     410100198506020091      862951019487588 zz
20121003        20121003        09303010        6500    0       862951019487544 15413466521     15473299812     zz      1
5400000000      15413466521     610100198506020056      862951019487544 zz
20121201        20121201        22303010        6300    1       862951019487599 13913466511     18933299872     hf      1
3900000000      13913466511     360100198506020097      862951019487599 hf
20120907        20120907        12303010        1000    0       862951019487512 18913466521     18773299835     nj      1
8900000000      18913466521     130105198506020096      862951019487512 nj
20120903        20120903        06303010        2000    0       862951019487591 13613466521     13933299874     sh      1
3600000000      13613466521     120103198506020075      862951019487591 sh
20121001        20121001        18303010        7000    0       862951019487533 15113466521     13663299874     wh      1
5100000000      15113466521     630100198506020076      862951019487533 wh
20120910        20120910        15203010        4000    0       862951019487514 13713466521     13953299837     sz      1
3700000000      13713466521     140107198506020111      862951019487514 sz
20121011        20121011        11303010        8100    0       862951019487555 13744466521     18893299823     sh      1
3700000000      13744466521     520100198506020097      862951019487555 sh
20120901        20120901        09303010        3000    0       862951019487595 13913466521     13413299872     bj      1
3900000000      13913466521     110104198506020096      862951019487595 bj
```

图 6-26　cdr 表与 mobilephone 表通过电话号码关联

写 JOIN 查询时，需要注意几个关键点。

① 只支持等值 JOIN。

示例：以下操作是正确的。

```
select * from cdr join mobilephone on cdr.calling_num= mobilephone.mobile_no
```

而以下操作是错误的。

```
select * from cdr join mobilephone on cdr.calling_num>mobilephone.mobile_no
```

② 可以 JOIN 多于两个表。

示例：cdr 表与 mobilephone 表、customer 表进行关联，获取 2012 年 9 月 1 日当天通话记录的主叫号码、接通时间、通话时长和用户名。

```
[192.168.6.104:21000] > select cdr.calling_num,cdr.time,cdr.calling_time, customer.name from cdr join mobilephone on cdr.calling_num=mobilephone.mobile_no join customer on mobilephone.id_number=customer.id_number where cdr. data_date="20120901"
```

③ LEFT、RIGHT 和 FULL OUTER 关键字用于处理 JOIN 中空记录的情况。

示例：

```
SELECT cdr.calling_num, mobilephone.mobile_no FROM cdr LEFT OUTER JOIN mobilephone ON cdr.calling_ num=mobilephone.mobile_no
```

对应所有 cdr 表中的记录都有一条记录输出。当 cdr.calling_num= mobilephone.mobile_no 时，输出的结果应该是 cdr.calling_num、mobilephone.mobile_no；而当 cdr.calling_num 中找不到等值的 mobilephone.mobile_no 记录时，也会输出 cdr.calling_num，NULL。“FROM cdr LEFT OUTER JOIN mobilephone” 这句一定要写在同一行，也就是 cdr 表在 mobilephone 表的左边，所以 cdr 表中的所有记录都被保留了。“cdr RIGHT OUTER JOIN mobilephone” 会保留所有 mobilephone 表的记录。OUTER JOIN 语义应该是遵循标准 SQL 的。

JOIN 发生在 WHERE 子句之前。如果想要限制 JOIN 的输出，应该在 WHERE 子句中写过滤条件，或是在 JOIN 子句中写。

示例：

```
[192.168.139.21:21000] > select cdr.*, mobilephone.* from cdr left outer join customer on cdr.calling_num=mobilephone.mobile_no    where cdr.cdr_type='0';
```

这里一个容易混淆的问题是表分区的情况，从 JOIN cdr 表到 mobilephone 表（OUTER JOIN），列出 cdr.val 和 mobilephone.val 的记录。WHERE 从句中可以使用其他列作为过滤条件。但是，如前所述，如果 mobilephone 表中找不到对应 cdr 表的记录，mobilephone 表的所有列都会列出 NULL。也就是说，JOIN 会过滤 mobilephone 表中不能找到匹配 cdr 表 calling_num 的所有记录。这样的话，LEFT OUTER 就使得查询结果与 WHERE 子句无关了。解决的办法是在 OUTER JOIN 时使用以下语法：

```
[192.168.139.21:21000] > select cdr.*, mobilephone.* from cdr left outer join customer on cdr.calling_num=customer.mobile    and    cdr.cdr_type='0'
```

这一查询的结果是预先在 JOIN 阶段过滤过的，所以不会存在上述问题。这一逻辑也可以应用于 RIGHT 和 FULL 类型的 JOIN 中。

JOIN 是不能交换位置的。无论是 LEFT 还是 RIGHT JOIN，都是左连接的。

示例：

```
SELECT a.val1, a.val2, b.val, c.val
FROM a
JOIN b ON (a.key = b.key)
LEFT OUTER JOIN c ON (a.key = c.key)
```

先 JOIN a 表到 b 表，丢弃掉所有 JOIN key 中不匹配的记录，然后用这一中间结果和 c 表做 JOIN。这一表述有一个不太明显的问题，就是当一个 key 在 a 表和 c 表都存在，但是当 b 表中不存在时：整个记录在第一次 JOIN，即 a JOIN b 时都被丢掉了（包括 a.val1、a.val2 和 a.key），然后再和 c 表 JOIN 时，如果 c.key 与 a.key 或 b.key 相等，则会得到这样的结果：NULL、NULL、NULL、c.val。

④ LEFT SEMI JOIN 是 IN/EXISTS 子查询一种更高效的实现。DataCube 当前没有实现 IN/EXISTS 子查询，因此，可以用 LEFT SEMI JOIN 重写子查询语句。LEFT SEMI JOIN 的限制是，JOIN 子句中右边的表只能在 ON 子句中设置过滤条件，在 WHERE 子句、SELECT 子句或其他地方都不能过滤。

```
SELECT a.key, a.value
FROM a
WHERE a.key in
 (SELECT b.key FROM B);
```

此句不能执行，可以重写为：

```
SELECT a.key, a.value
FROM a LEFT SEMI JOIN b on (a.key = b.key)
```

示例：查询 cdr 通话记录中用户的身份证号，如图 6-27 所示。

```
[192.168.139.21:21000] > select  mobilephone.mobile_no,mobilephone.id_number  from mobilephone left semi join cdr on  mobilephone.mobile_no=cdr.calling_num
```

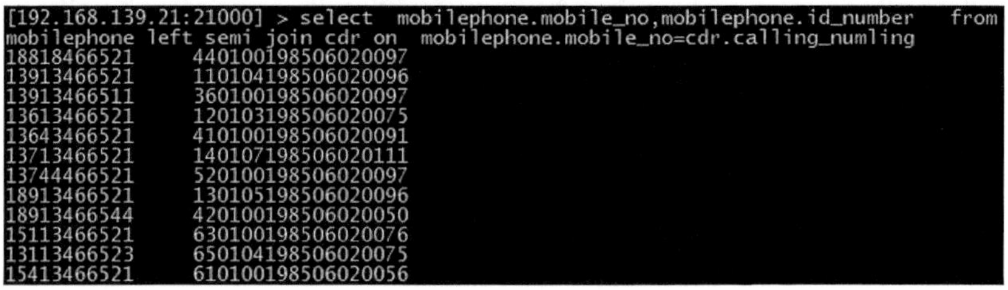

```
[192.168.139.21:21000] > select  mobilephone.mobile_no,mobilephone.id_number   from
mobilephone left semi join cdr on  mobilephone.mobile_no=cdr.calling_numling
18818466521      440100198506020097
13913466521      110104198506020096
13913466511      360100198506020097
13613466521      120103198506020075
13643466521      410100198506020091
13713466521      140107198506020111
13744466521      520100198506020097
18913466521      130105198506020096
18913466544      420100198506020050
15113466521      630100198506020076
13113466523      650104198506020075
15413466521      610100198506020056
```

图 6-27　查询 cdr 通话记录中用户的身份证号

10. case when 语法

```
select age,case name when 'wl' then '技术总监' else '员工' end from test1;
```

从 test1 中查询年龄，如果姓名是 w1，则显示为“技术总监”，其他的显示为“员工”。

11. SUBSTRING

```
SELECT SUBSTRING(name, 1, 2) AS Title from test1;
```

查询姓名前两个字母用别名 Title 显示。

12. cast 转换

```
select cast('2323.00111111' as double) from test1;
```

将 2 323.00111111 以 double 类型显示。

```
[192.168.137.102:21000] > select cast('2323.00111111' as float) from test1;
```

将 2 323.00111111 以 float 类型显示。

13. 设置查询参数

```
Available query options are:
DISABLE_CODEGEN
MAX_ERRORS
ABORT_ON_ERROR
MAX_SCAN_RANGE_LENGTH
PARTITION_AGG
MAX_IO_BUFFERS
ALLOW_UNSUPPORTED_FORMATS
NUM_SCANNER_THREADS
BATCH_SIZE
NUM_NODES
```

```
[192.168.137.102:21000] > SET MAX_IO_BUFFERS='1024';
```

14. SQL 运算

可以支持加、减、乘、除、取余运算。

```
加法：[192.168.137.102:21000] > select 8+1 from test1。
减法：[192.168.137.102:21000] > select 8-1 from test1。
乘法：[192.168.137.102:21000] > select 8*1 from test1。
除法：[192.168.137.102:21000] > select 8/1 from test1。
取余：[192.168.137.102:21000] > select 8%1 from test1。
```

15. 取整函数 round()

```
[192.168.137.102:21000] > select round(-3.5)from test1;
```

执行结果：-4。

16. 指定取整精度

```
[192.168.137.102:21000] > select round(-3.5009,3)from test1;
```

执行结果：-3.501。

17. 取随机数 rand()

```
[192.168.137.102:21000] > select rand() from test1;
```

执行结果：0.00047147460303803650。

18. 自然指数函数 exp()

语法：exp(double a)。

返回值：double。

说明：返回自然对数 e 的 a 次方。

```
[192.168.137.102:21000] > select exp(2)from test1;
```

执行结果：7.38905609893065。

19. 开平方函数 sqrt()

语法：sqrt(double a)。

返回类型：double。

说明：返回 a 的方根。

```
[192.168.137.102:21000] > select sqrt(16) from test1;
```

执行结果：4。

20. 日期转年函数

```
[192.168.137.102:21000] > select year('2012-08-09 10:00:00') from test1;
```

21. if 函数

语法：if(boolean condition, T valueTrue, T valueTFaulseorNull)。

返回值：T。

说明：当 condition 为真时，返回 valueTrue，否则返回 valueTFaulseorNull。

```
[192.168.137.102:21000] > select if(age>30,'a','b')from test1;
```

执行结果：b

b

b

a

| 6.3 数据入库接口开发 |

6.3.1 单条或多条记录入库 Java 开发包

将 hbase-0.92.1-cdh4.1.2.jar 包加入项目的 ClassPath 中。该包依赖 commons-lang-2.5.jar、commons-logging-1.1.1.jar、datacube-sqlservice.jar、libthrift-0.9.0.jar、log4j-1.2.14.jar、slf4j-api-1.5.8.jar 和 slf4j-log4j12-1.5.8.jar，请同样将这些包配置到项目的 ClassPath 中。

6.3.2 开发说明

HBase 中的 Region 是数据在内存中的存储单位，客户端会将数据发送到 Region，当数据达到一定数量时，就会被 Flush 到 HBase 在 HDFS 上的存储路径下而成为一个文件。如果根据 RowKey 的范围来预分多个 Region，就会有多个 Region 同时接收数据；如果没有预分区，则只有一个 Region 接收数据。

该接口开发包主要用于一个表的单条或多条记录的插入，这里修改了 HBase 的源码，使其作为 DataCube 数据的接收端，在 HBase 的 RegionServer 中，一旦一个 Region 的内存中记录数达到一定数量，就会存储到 DataCube 的存储路径下。

因此，一般在建 HBase 表时，需要定义 DataCube 中的分区作为 HBase 中预分区的 RowKey 范围，每一个 Region 对应了一个分区，例如，cdr 表中有 p_data_date 字段作为分区，若需要存储一个月的数据，则可以将 p_data_date 作为 HBase 的 RowKey 分为 30 份，即：

```
region1: p_data_date>20120831, p_data_date<=20120901
......
region30: p_data_date>20120929, p_data_date<=20120930
```

在 HBase 中，可以在建表的同时预分出 30 个 Region。用户可以根据实际情况，建表预分 Region，如上例，可以将一年的数据建一张表，按天将 RowKey 切分为 365 份，这样这张表就预分成了 365 个 Region，Region 的个数不宜过多，一般根据集群中的节点个数，如果一个节点的内存为 32 GB，一个 Region 的预设内存为 512 MB，RegionServer 分配的最大内存为 10 GB，则该节点最多有 20 个 Region；如果 RegionServer 有 10 个，则 Region 上限为 200 个。这些可以通过参数来配置。因为 3 个字段的组合预分 Region 数量会过多，因此，预分 Region 一般为 1 ~ 2 个字段的组合，并且除了最后一个字段可以用范围定义外，其他均要求是值。

6.3.3 示例

这里建的是 HBase 表，建表的同时需要根据 DataCube 表的分区预分 Region。

```
Configuration configuration = HBaseConfiguration.create();
configuration.set("hbase.ZooKeeper.quorum","192.168.139.21"); // 设置 ZooKeeper 的 IP
configuration.set("hbase.ZooKeeper.property.clientPort", "2181");// 设置 ZooKeeper 的端口

byte[][] splits = new byte[30][]; // 用于 Region 切分的字节数组
splits[0] = Bytes.toBytes("20120901");
......
splits[29] = Bytes.toBytes("20120930");// 按天将 RowKey 切分为 30 份
HBaseAdmin admin = new HBaseAdmin(configuration);
HTableDescriptor tableDescripter = new HTableDescriptor("cdrdb.cdr".getBytes());
// 创建表的描述符，"." 必须有，"." 之前对应 DataCube 的数据库名，"." 之后对应该数据库中的表
HColumnDescriptor dataColumnDescriptor = new HColumnDescriptor("data");// 创建列族的描述符
tableDescripter.addFamily(dataColumnDescriptor);// 创建列簇 data
admin.createTable(tableDescripter,splits);// 创建表
admin.close();
```

以上是对一月数据进行的切分，每一天的数据对应一个 Region，一个 Region 又对应一个 DataCube 的分区，系统会自动检查每个 Region 的 RowKey 范围，根据该 RowKey，将 Region 的数据 Flush 到指定的 HDFS 上 DataCube

表的路径下，例如，Region1 的 RowKey 是 20120901，则其存储的范围就是小于 20120901 的所有值（字典顺序），Region2 的 RowKey 是 20120902，则其存储的范围就是大于 20120901 及小于或等于 20120902，而其在 HDFS 上的存储路径就 是 /user/datacube/warehouse/cdrdb.cdr/p_data_date=20120901 和 /user/datacube/warehouse/ test.test1/date=20120902。其中，/user/datacube/warehouse/ 是 datacube 数据的存储路径。也就是说，在 HBase 上建表时需要和 DataCube 中已存在的表对应，表名是数据库名 . 表名，预分的 Region 要与分区对应，cdrdb.cdr 在 DataCube 中的建表语句如 6.2 节中提到的。

记录的插入与 HBase 类似。

```
HTable table;
try {
    table = new HTable(configuration, "cdrdb.cdr");
    table.setWriteBufferSize(10485760);
    table.setAutoFlush(false);
    List<Put> records;
        ...... // 批量插入数据
        table.put(records);
        table.flushCommits();// 批量提交
} catch (IOException e) {
      e.printStackTrace();
}
```

6.4 数据查询接口开发

6.4.1 Java 开发包

将 datacube-api.jar 包加入项目的 ClassPath 中。该包依赖 commons-lang-2.5.jar、commons-logging-1.1.1.jar、datacube-sqlservice.jar、libthrift-0.9.0.jar、log4j-1.2.14.jar、slf4j-api-1.5.8.jar 和 slf4j-log4j12-1.5.8.jar，同样将这些包配置到项目的 ClassPath 中。

6.4.2 接口介绍

datacube-api.jar 中主要有 com.cproc.sql.Connection 和 com.cproc.sql.Query 两个类。类中的方法如下。

Connection(String server, int port)：与服务端建立连接，server 是 Impala 集群中任意一台安装 DataCube 机器的 IP 地址；port 为服务端口，默认为 21000。该链接创建以后会使用默认数据库 Default。

Connection(String server, int port, String db)：与服务端建立连接，Server 是 Impala 集群中任意一台安装 DataCube 机器的 IP 地址；port 为服务端口，默认为 21000；db 为将要使用的数据库（请确保该数据库已经存在）。

void open()：打开本次连接。

void close()：关闭本次连接。

String getDataBase()：返回本次连接使用的数据库。

QueryHandle query(Query query)：提交一次查询请求，返回值为本次查询的一个查询句柄，可以使用该查询句柄得到查询状态，返回查询结果等操作。

List<String> getResult(QueryHandle handle)：通过查询句柄得到查询结果，结果集为 String 类型的列表，一条返回记录对应列表中的一个记录。

Boolean CancleQuery(QueryHandle handle)：通过查询句柄取消正在执行的 Query。

ResultsMetadata getResultsMetadata(QueryHandle handle)：通过查询句柄获得此次查询的查询元数据，可以从元数据中获得返回结果中各个列的信息。

QueryExplanation explainQuery(Query query)：解释一次查询操作。从返回的 QueryExplanation 对象中可以获得查询操作的执行计划。

QueryState getQueryState(QueryHandle handle)：通过查询句柄获得一次查询操作的状态。

Query(String queryString，String hadoopUser)：创建一个 Query 实例，queryString 为查询语句（查询语句不包含“；”），hadoopUser 为一个可用的 Hadoop 用户。

void setQuery(String queryString)：为 Query 实例设置 queryString。

void setHadoopUser(String hadoopUser)：为 Query 实例设置 HadoopUser。

6.4.3 示例

```
public class QueryDemo {
public static void main(String[] args) throws TException {
    Connection con = new Connection("192.168.139.21", 21000); // 连接服务端
    con.open();  // 打开连接
    Query query = new Query();
    query.setQuery("select * from db_student limit 100");
    query.setHadoopUser("hadoop"); // 新建一个查询
    QueryExplanation explanation = con.explainQuery(query);
    System.out.println(explanation.getTextual());// 解释查询计划
    QueryHandle handle = con.query(query); // 执行查询获得查询句柄
    ResultsMetadata metadata = con.getResultsMetadata(handle);// 获得查询元数据
    System.out.println(metadata.getDelim());// 获得返回结果集字段分隔符
    for (FieldSchema schema : metadata.getSchema().getFieldSchemas()) {
        System.out.println(schema.getName() + "-->" + schema.getType());
    } // 输出查询结果的元数据
    List<String> list = con.getResult(handle); // 获得查询结果
    for (String string : list) {
        System.out.println(string);
    }
    con.close(); // 关闭连接
}
}
```

6.5 数据导入工具 Sqoop 命令及其使用

数据立方 ETL 工具 Sqoop 是一个用来将基于 HDFS 的数据立方和关系型数据库中的数据相互转移的工具，可以将一个关系型数据库（例如 MySQL、Oracle、Postgres 等）中的数据导入数据立方中，也可以将数据立方的数据导入关系型数据库中。一大亮点就是可以通过 Hadoop 的 MapReduce 把数据从关系型数据库中导入数据立方中。

6.5.1 Sqoop 命令及通用参数

常用命令见表 6-4 所列。

表 6-4　常用命令

序号	命令	类	说明
1	import	ImportTool	从关系型数据库中导入数据（来自表或者查询语句）到数据立方中
2	export	ExportTool	将数据立方中的数据导入关系型数据库中
3	codegen	CodeGenTool	获取数据库中某张表数据生成 Java 并打包成 JAR 包
4	create-hive-table	CreateHiveTableTool	创建 Hive 表
5	eval	EvalSqlTool	查看 SQL 执行结果
6	import-all-tables	ImportAllTablesTool	导入某个数据库下所有表到数据立方中
7	job	JobTool	
8	list-databases	ListDatabasesTool	列出所有数据库名
9	list-tables	ListTablesTool	列出某个数据库下所有表
10	merge	MergeTool	
11	metastore	MetastoreTool	
12	help	HelpTool	查看帮助
13	version	VersionTool	查看版本

通用参数见表 6-5 所列。

表 6-5　通用参数

序号	参数	说明	样例
1	connect	连接关系型数据库的 URL	jdbc:mysql://localhost/sqoop_datas
2	connection-manager	连接管理类，一般不用	
3	driver	连接驱动	
4	hadoop-home	Hadoop 目录	/home/guoyun/hadoop
5	help	查看帮助信息	
6	password	连接关系型数据库的密码	
7	username	链接关系型数据库的用户名	

（续表）

序号	参数	说明	样例
8	verbose	查看更多的信息，其实是将日志级别调低，该参数后面不接值	

6.5.2 Sqoop 命令的使用

① 列出 MySQL 数据库中的所有数据库。

```
#sqoop list-databases --connect jdbc:mysql://localhost:3306/ --username root --password 123456
```

② 连接 MySQL 并列出数据库中的表。

```
#sqoop list-tables --connect jdbc:mysql://localhost:3306/test --username mysql --password mysql
```

命令中的 test 为 MySQL 数据库中的 test 数据库名称，username password 为 MySQL 数据库的用户密码。

③ 将关系型数据的表结构复制到 Hive 中，只复制表的结构，表中的内容没有复制过去。

```
#sqoop create-hive-table --connect jdbc:mysql://localhost:3306/test --table sqoop_test --username root
--password 123456 --hive-table test
```

其中，--table sqoop_test 为 MySQL 中的数据库 test 中的表，--hive-table test 为 Hive 中新建的表名称。

④ 从关系数据库导入文件到 Hive 中。

```
#sqoop import --connect jdbc:mysql://localhost:3306/zxtest --username root --password 123456 --table
sqoop_test --hive-import --hive-table s_test -m 1
```

⑤ 将 HDFS 中的表数据导出到 MySQL 中，在进行导入之前，MySQL 中的表 Data 必须已经提前创建好了。

```
#sqoop export --connect jdbc:mysql://192.168.6.110:3306/test --username hadoop -password 123456 --table
data --export-dir taskdata/sqoopdata.data    --input-fields-terminated-by ','。
```

taskdata/sqoopdata.data 是 HDFS 上的文件。

--input-fields-terminated-by 后面跟分隔符。

⑥ 数据库的数据导入 HDFS 上。

```
#sqoop import --connect jdbc:mysql://localhost:3306/zxtest --username root --password 123456 --table
hadoopguidet -m 1。
```

第 7 章 数据立方的维护

在生产环境下的集群一般是长期运行的，要保证系统的稳定就需要管理人员对系统进行维护，而数据立方就需要运维人员进行长期维护，包括对机器硬件的维护和对软件系统的维护。本章主要介绍数据立方中各个模块的维护方法以及出现异常时的解决方法，主要包括 HDFS 的维护、数据立方 Shell 的使用、数据立方使用中可能出现的问题以及 ETL 工具 Sqoop 在使用中可能出现的问题等。

| 7.1　HDFS 的维护 |

7.1.1　HDFS 的 dfsadmin 命令

在 Cloudera 的 CDH4.1.2 版的 HDFS 中，dfs 命令提供了对文件和目录的操作命令，如图 7-1 所示。

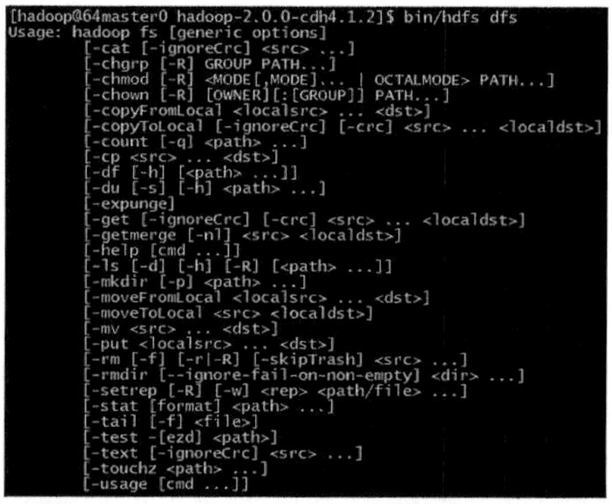

```
[hadoop@64master0 hadoop-2.0.0-cdh4.1.2]$ bin/hdfs dfs
Usage: hadoop fs [generic options]
        [-cat [-ignoreCrc] <src> ...]
        [-chgrp [-R] GROUP PATH...]
        [-chmod [-R] <MODE[,MODE]... | OCTALMODE> PATH...]
        [-chown [-R] [OWNER][:[GROUP]] PATH...]
        [-copyFromLocal <localsrc> ... <dst>]
        [-copyToLocal [-ignoreCrc] [-crc] <src> ... <localdst>]
        [-count [-q] <path> ...]
        [-cp <src> ... <dst>]
        [-df [-h] [<path> ...]]
        [-du [-s] [-h] <path> ...]
        [-expunge]
        [-get [-ignoreCrc] [-crc] <src> ... <localdst>]
        [-getmerge [-nl] <src> <localdst>]
        [-help [cmd ...]]
        [-ls [-d] [-h] [-R] [<path> ...]]
        [-mkdir [-p] <path> ...]
        [-moveFromLocal <localsrc> ... <dst>]
        [-moveToLocal <src> <localdst>]
        [-mv <src> ... <dst>]
        [-put <localsrc> ... <dst>]
        [-rm [-f] [-r|-R] [-skipTrash] <src> ...]
        [-rmdir [--ignore-fail-on-non-empty] <dir> ...]
        [-setrep [-R] [-w] <rep> <path/file> ...]
        [-stat [format] <path> ...]
        [-tail [-f] <file>]
        [-test -[ezd] <path>]
        [-text [-ignoreCrc] <src> ...]
        [-touchz <path> ...]
        [-usage [cmd ...]]
```

图 7-1　dfs 命令提供了对文件和目录的操作命令

dfsadmin 命令则提供了管理整个文件系统的操作，如图 7-2 所示。

```
[hadoop@64master0 hadoop-2.0.0-cdh4.1.2]$ bin/hdfs dfsadmin
Usage: java DFSAdmin
Note: Administrative commands can only be run as the HDFS superuser.
           [-report]
           [-safemode enter | leave | get | wait]
           [-saveNamespace]
           [-rollEdits]
           [-restoreFailedStorage true|false|check]
           [-refreshNodes]
           [-finalizeUpgrade]
           [-upgradeProgress status | details | force]
           [-metasave filename]
           [-refreshServiceAcl]
           [-refreshUserToGroupsMappings]
           [-refreshSuperUserGroupsConfiguration]
           [-printTopology]
           [-refreshNamenodes datanodehost:port]
           [-deleteBlockPool datanode-host:port blockpoolId [force]]
           [-setQuota <quota> <dirname>...<dirname>]
           [-clrQuota <dirname>...<dirname>]
           [-setSpaceQuota <quota> <dirname>...<dirname>]
           [-clrSpaceQuota <dirname>...<dirname>]
           [-setBalancerBandwidth <bandwidth in bytes per second>]
           [-fetchImage <local directory>]
           [-help [cmd]]
```

图 7-2　dfsadmin 命令提供了管理整个文件系统的操作

1. 全局状态信息

通过 bin/hadoop dfsadmin-report 命令，可以得到一份全局状态报告。这份报告包含了 HDFS 集群的基本信息，也包含每台机器的一些情况，如图 7-3 所示。

```
[hadoop@64master0 hadoop-2.0.0-cdh4.1.2]$ bin/hdfs dfsadmin -report
Configured Capacity: 116819214336 (108.8 GB)
Present Capacity: 78487580672 (73.1 GB)
DFS Remaining: 78092926976 (72.73 GB)
DFS Used: 394653696 (376.37 MB)
DFS Used%: 0.5%
Under replicated blocks: 0
Blocks with corrupt replicas: 0
Missing blocks: 0

-------------------------------------------------
Datanodes available: 4 (4 total, 0 dead)

Live datanodes:
Name: 192.168.139.24:50010 (64Slave01)
Hostname: 64Slave01
Decommission Status : Normal
Configured Capacity: 29204803584 (27.2 GB)
DFS Used: 131272704 (125.19 MB)
Non DFS Used: 9558831104 (8.9 GB)
DFS Remaining: 19514699776 (18.17 GB)
DFS Used%: 0.45%
DFS Remaining%: 66.82%
Last contact: Thu Jan 24 05:11:44 CST 2013
```

图 7-3　全局状态信息

2. SafeMode

在 SafeMode（安全模式）下，HDFS 是只读的，任何的复制、创建、删除操作都是禁止的，也就是说，NameNode 上的元数据是只读的。当 NameNode 启动时，系统会自动进入这个模式，DataNode 会在这时注册到 NameNode 中，并告诉 NameNode 它们拥有哪些文件块，因此，NameNode 知道哪些文件块的备份被丢失了。一直到一定百分比数量的 DataNodes 正常工作后，NameNode 会退出安全模式。这个百分比在 dfs.safemode.threshold.pct 中配置。当达到一定的百分比时，安全模式会自动退出，HDFS 则允许正常操作。用户可以通过 dfsadmin-safemode what 来操作安全模式，参数 what 的说明如下。

① enter：进入安全模式，如图 7-4 所示。

```
[hadoop@64master0 hadoop-2.0.0-cdh4.1.2]$ bin/hdfs dfsadmin -safemode enter
Safe mode is ON
```

图 7-4　进入安全模式

② leave：强制 NameNode 离开安全模式，如图 7-5 所示。

```
[hadoop@64master0 hadoop-2.0.0-cdh4.1.2]$ bin/hdfs dfsadmin -safemode leave
Safe mode is OFF
```

图 7-5　强制 NameNode 离开安全模式

③ get：返回安全模式是否开启的信息，如图 7-6 所示。

```
[hadoop@64master0 hadoop-2.0.0-cdh4.1.2]$ bin/hdfs dfsadmin -safemode get
Safe mode is OFF
```

图 7-6　返回安全模式是否开启的信息

④ wait：等待，一直到安全模式结束。

3. 升级 HDFS

当 HDFS 从一个版本升级到另外一个版本时，NameNode 和 DataNode 使用的文件格式可能会改变。第一次使用新版本时，首先要使用 bin/start-dfs.sh-upgrade 告诉 Hadoop 去改变 HDFS 版本（否则，新版本不会生效）。然后它开始升级，可以通过 bin/hadoop dfsadmin-upgradeProgress 命令来查看版本升级的情况；可以使用 bin/hadoop dfsadmin-upgradeProgress details 来查看更多的详细信息；当升级过程被阻塞时，可以使用 bin/hdfs dfsadmin-upgradeProgress force 来强制升级继续执行（使用这个命令时，一定要慎重考虑）。

当 HDFS 升级完毕后，Hadoop 依旧保留着旧版本的有关信息，以便可以方便地对 HDFS 进行降级操作。可以使用 bin/start-dfs.sh-rollback 来执行降级操作。

Hadoop 一次只保存一个版本的备份。当新版本运行几天后没有出现什么问题时，就可以使用 bin/hdfs dfsadmin-finalizeUpgrade 命令把旧版本的备份从系统中删掉。删除以后 rollback 命令就会失效。在另外一次版本升级前，这个操作是一定要做的。

4. 元数据序列化

使用 bin/hdfs dfsadmin-saveNamespace 命令可以将在 NameNode 内存中的元数据序列化到磁盘镜像文件中。

5. 获取帮助

与 dfs 模块一样，可以使用 bin/hadoop dfsadmin-help 命令来获取特定命令的一些用法。

7.1.2　HDFS 的 Balancer 工具

Hadoop 的 HDFS 集群容易出现机器与机器之间磁盘利用率不平衡的情况，比如集群中添加新的数据节点。当 HDFS 出现不平衡状况时，将引发很多问题，比如机器之间无法达到更好的网络带宽使用率，机器磁盘无法利用等。可见，保证 HDFS 中的数据平衡是非常重要的。

Hadoop 中包含一个 Balancer 程序，通过运行这个程序，可以使得 HDFS 集群达到一个平衡的状态，使用这个程序的命令如下：

```
$HADOOP_HOME/bin/start-balancer.sh t 10%
```

这个命令中参数 t 后面跟的是 HDFS 达到平衡状态的磁盘使用率偏差值。如果机器与机器之间磁盘使用率偏差小于 10%，则认为 HDFS 集群已经达到平衡的状态。

Hadoop 的开发人员在开发 Balancer 程序时，遵循以下几点原则。

① 在执行数据重分布的过程中，必须保证数据不能丢失，不能改变数据的备份数，不能改变每一个 Rack 中所具备的 Block 数量。

② 系统管理员可以通过一条命令启动数据重分布程序或者停止数据重分布程序。

③ Block 在移动的过程中，不能占用过多的资源，如网络带宽。

④ 数据重分布程序在执行的过程中，不能影响 NameNode 的正常工作。

基于这些原则，目前 Hadoop 数据重分布程序实现的逻辑流程如图 7-7 所示。

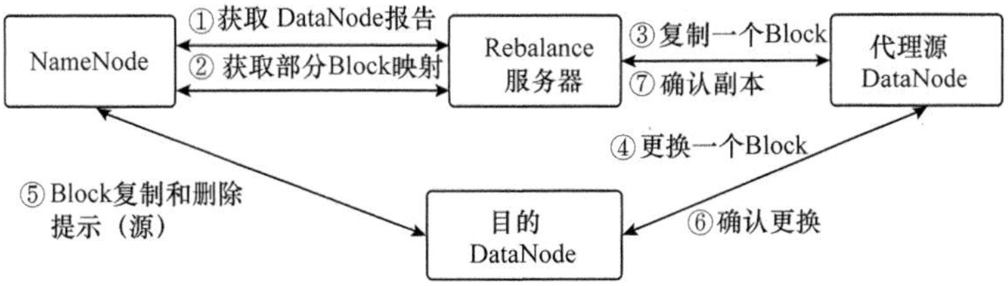

图 7-7　数据重分布程序实现逻辑流程

Rebalance 程序作为一个独立的进程与 NameNode 分开执行。

① Rebalance 服务器从 NameNode 中获取所有的 DataNode 情况：每一个 DataNode 磁盘使用情况。

② Rebalance 服务器计算哪些机器需要将数据移动，哪些机器可以接收移动的数据，并且从 NameNode 中获取需要移动的数据分布情况。

③ Rebalance 服务器可以计算出将哪一台机器的 Block 移动到另一台机器中去。

④～⑥ 需要移动 Block 的机器将数据移动至目的机器上，同时删除自己机器上的 Block 数据。

⑦ Rebalance 服务器获取到本次数据移动的执行结果，并继续执行这个过程，一直到没有数据可以移动或者 HDFS 集群达到了平衡的标准为止。

Hadoop 现有这种 Balancer 程序工作的方式在绝大多数情况下都是非常适合的。

现在设想以下这种情况。

① 数据是 3 份备份[1]。

② HDFS 由两个 Rack 组成。

③ 两个 Rack 中的机器磁盘配置不同，第一个 Rack 中每一台机器的磁盘空间为 1 TB，第二个 Rack 中每一台机器的磁盘空间为 10 TB。

④ 现在大多数数据的两份备份都存储在第一个 Rack 中。

在这种情况下，HDFS 集群中的数据肯定是不平衡的。运行 Balancer 程序后，整个 HDFS 集群中的数据依旧不平衡：Rack1 中的磁盘剩余空间远远小于 Rack2。这是由 Balance 程序的开发原则①导致的。

简单地说，就是在执行 Balancer 程序时，不会将数据中一个 Rack 移动到另一个 Rack 中，这就导致 Balancer 程序永远无法平衡 HDFS 集群的情况。

针对这种情况，可以采取两种方案。

① 继续使用现有的 Balancer 程序，但是修改 Rack 中的机器分布，将磁盘空间小的机器分叉到不同的 Rack 中。

② 修改 Balancer 程序，允许改变每一个 Rack 中所具备的 Block 数量，将磁盘空间告急的 Rack 中存放的 Block 数量减少，或者将其移动到其他磁盘空间富余的 Rack 中。

| 7.2　Shell 的使用 |

7.2.1　数据立方 Shell 说明

数据立方 Shell 包括数据定义 / 操作 Shell 和数据查询 Shell。数据定义 / 操作 Shell 中一般执行数据库和表增 / 删 / 改的 SQL 操作、数据文件加载命令等，数据查询 Shell 主要是执行 SQL 查询语句返回的查询结果[2]。

7.2.2　数据定义与数据操作的 Shell

（1）启动命令

```
$DATACUBE_HOME/bin/datacube-metadata
```

（2）连接集群中一个节点

```
[Not connected] > connect 192.168.139.23
```

（3）可执行的 SQL 语句

可执行的 SQL 语句有：建库（CREATE DATABASE）、删除数据库（DROP DATABASE）、连接使用数据库（USE DATABASE）、看数据库（SHOW DATABASE）、建表（CREATE TABLE）、删除表（DROP TABLE）、查看当前数据库中的表（SHOW TABLES）、修改表或表中列、分区的属性（ALTER TABLE）、查看表结构（DESCRIBE）、查看分区（SHOW PARTITIONS）、数据加载（LOAD）、查看表分区定义（DESCRIBE PARTITION）、创建视图（CREATE VIEW）。

（4）退出

```
[192.168.139.23:21000] > quit;
```

7.2.3　数据查询的 Shell

（1）启动命令

```
$DATACUBE_HOME/sbin/datacube-shell.sh
```

（2）可执行的 SQL 语句

可执行的 SQL 语句有：数据查询（SELECT）、聚合函数（GROUP BY）、返回指定数量的记录（LIMIT）、排序函数（ORDER BY）、多表关联（JOIN）、查询结果插入（INSERT INTO）。

（3）退出

```
datacube> quit;
```

| 7.3　数据立方的常见问题及其解决方法 |

7.3.1　问题 1：datacube-shell.sh 启动后连接不上服务器

问题 1 如图 7-8 所示。

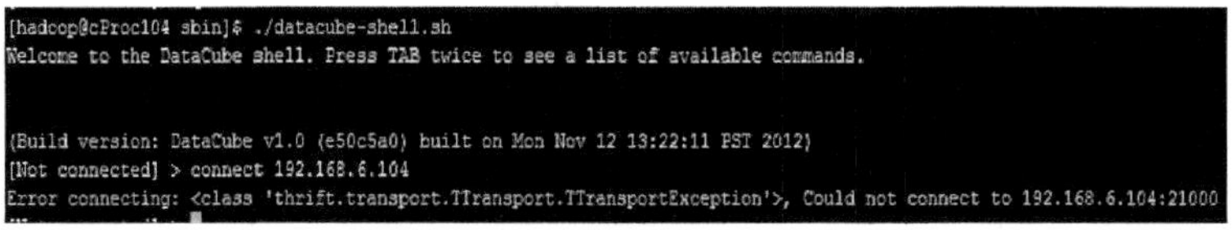

```
[hadoop@cProc104 sbin]$ ./datacube-shell.sh
Welcome to the DataCube shell. Press TAB twice to see a list of available commands.


(Build version: DataCube v1.0 (e50c5a0) built on Mon Nov 12 13:22:11 PST 2012)
[Not connected] > connect 192.168.6.104
Error connecting: <class 'thrift.transport.TTransport.TTransportException'>, Could not connect to 192.168.6.104:21000
```

图 7-8　datacube-shell.sh 启动后连接不上服务器

解决方法：在连接不上的机器上单独启动。

```
GLOG_v=1 $DATACUBE_HOME/sbin/datacube-framework-meta.sh -state_store_port=24000
```

重新打开一个此机器的窗口，执行如下命令。

```
GLOG_v=1 $DATACUBE_HOME/sbin/datacube-framework.sh -state_store_host=192.168.6.100
-nn=192.168.6.100 - nn_port=8020 -hostname=192.168.6.104 -ipaddress=192.168.6.104
```

其中，-state_store_host= 元数据管理节点 IP-nn=HDFS 的主节点（NameNode）IP-nn_port= HDFS 的主节点（NameNode）端口 -hostname= 本机 IP -ipaddress= 本机 IP。

7.3.2　问题 2：启动时，有时可以看到报错信息

问题 2 如图 7-9 所示。

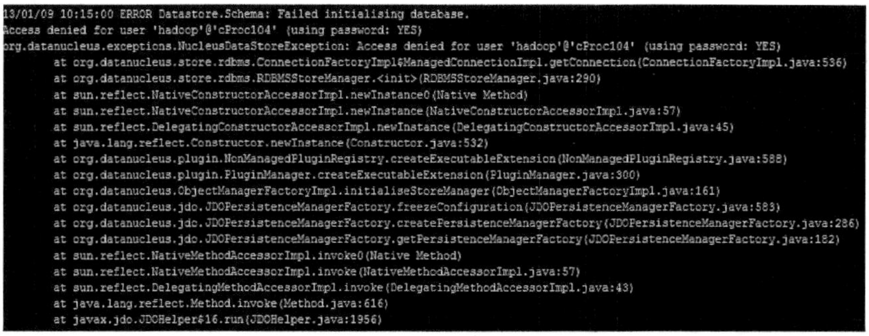

```
13/01/09 10:15:00 ERROR Datastore.Schema: Failed initialising database.
Access denied for user 'hadoop'@'cProc104' (using password: YES)
org.datanucleus.exceptions.NucleusDataStoreException: Access denied for user 'hadoop'@'cProc104' (using password: YES)
        at org.datanucleus.store.rdbms.ConnectionFactoryImpl$ManagedConnectionImpl.getConnection(ConnectionFactoryImpl.java:536)
        at org.datanucleus.store.rdbms.RDBMSStoreManager.<init>(RDBMSStoreManager.java:290)
        at sun.reflect.NativeConstructorAccessorImpl.newInstance0(Native Method)
        at sun.reflect.NativeConstructorAccessorImpl.newInstance(NativeConstructorAccessorImpl.java:57)
        at sun.reflect.DelegatingConstructorAccessorImpl.newInstance(DelegatingConstructorAccessorImpl.java:45)
        at java.lang.reflect.Constructor.newInstance(Constructor.java:532)
        at org.datanucleus.plugin.NonManagedPluginRegistry.createExecutableExtension(NonManagedPluginRegistry.java:588)
        at org.datanucleus.plugin.PluginManager.createExecutableExtension(PluginManager.java:300)
        at org.datanucleus.ObjectManagerFactoryImpl.initialiseStoreManager(ObjectManagerFactoryImpl.java:161)
        at org.datanucleus.jdo.JDOPersistenceManagerFactory.freezeConfiguration(JDOPersistenceManagerFactory.java:583)
        at org.datanucleus.jdo.JDOPersistenceManagerFactory.createPersistenceManagerFactory(JDOPersistenceManagerFactory.java:286)
        at org.datanucleus.jdo.JDOPersistenceManagerFactory.getPersistenceManagerFactory(JDOPersistenceManagerFactory.java:182)
        at sun.reflect.NativeMethodAccessorImpl.invoke0(Native Method)
        at sun.reflect.NativeMethodAccessorImpl.invoke(NativeMethodAccessorImpl.java:57)
        at sun.reflect.DelegatingMethodAccessorImpl.invoke(DelegatingMethodAccessorImpl.java:43)
        at java.lang.reflect.Method.invoke(Method.java:616)
        at javax.jdo.JDOHelper$16.run(JDOHelper.java:1956)
```

图 7-9　启动时可以看到的报错信息

解决方法：这个是 MySQL 数据库问题。

（1）查看 conf/ 下配置文件 datacube-site.xml

```
[hadoop@cProc104 conf]$ vi datacube-site.xml
```

可以看到此处配置的连接 MySQL 的用户名为 hadoop，密码为 hadoop。

```
<property>
    <name>javax.jdo.option.ConnectionUserName</name>
    <value>hadoop</value>
  </property>
```

```
<property>
  <name>javax.jdo.option.ConnectionPassword</name>
  <value>hadoop</value>
</property>
```

（2）数据库中必须为配置的 Hadoop 用户建立本机和远程连接权限

① Root 用户登录 MySQL。

```
mysql[hadoop@cProc100 sbin]$ mysql -uroot -p
Enter password:
```

② 进入 MySQL Database。

```
mysql> use mysql
```

③ 查看用户表，可以看到用户信息。

```
mysql> select *from user;
```

（3）依次执行下列语句

```
mysql>grant all privileges on *.* to hadoop@' %'  identified by  'hadoop'  with grant option;
```

表示为 Hadoop 用户添加访问远程用户权限，密码为 hadoop。

```
mysql>grant all privileges on *.* to hadoop@' localhost'  identified by  'hadoop'  with grant option;
```

表示为 Hadoop 用户添加本机访问权限，密码为 hadoop。

```
mysql>grant all privileges on *.* to hadoop@' 192.168.6.100'  identified by  'hadoop'  with grant option;
```

表示为 Hadoop 用户添加访问特定机器的权限，密码为 hadoop。

（4）使添加生效

```
mysql> flush privileges;
```

7.3.3　问题 3：查看运行日志

数据立方的 SQL 查询日志可以从浏览器上看到，地址是 IP:25000/logs。

7.4　Sqoop 的常见问题及其解决方法

7.4.1　MySQL 的用户问题

MySQL 的用户问题如下。

```
12/12/18 17:40:51 ERROR manager.CatalogQueryManager: Failed to list databases
```

```
java.sql.SQLException: Access denied for user 'root' @' localhost' (using password: YES)
at com.mysql.jdbc.SQLError.createSQLException(SQLError.java:1073)
at com.mysql.jdbc.MysqlIO.checkErrorPacket(MysqlIO.java:3597)
at com.mysql.jdbc.MysqlIO.checkErrorPacket(MysqlIO.java:3529)
at com.mysql.jdbc.MysqlIO.checkErrorPacket(MysqlIO.java:935)
at com.mysql.jdbc.MysqlIO.secureAuth411(MysqlIO.java:4101)
at com.mysql.jdbc.MysqlIO.doHandshake(MysqlIO.java:1300)
at com.mysql.jdbc.ConnectionImpl.coreConnect(ConnectionImpl.java:2337)
at com.mysql.jdbc.ConnectionImpl.connectOneTryOnly(ConnectionImpl.java:2
```

原因：没有 Root 这个用户，可以换个其他的用户，例如 MySQL 登录，或者提前在 MySQL 中建立 Root 用户。

登录成功界面如下。

```
[root@namenode local]# sqoop list-databases --connect jdbc:mysql://namenode:3306/ -username mysql
12/12/18 17:42:13 INFO manager.MySQLManager:   Preparing to use a MySQL streaming resultset。
information_schema
hadoopguide
test
```

7.4.2 MySQL 的权限问题

MySQL 的权限问题如图 7-10 所示。

图 7-10　MySQL 的权限问题

解决方法：出现这个问题是因为 MySQL 权限问题，在 MySQL 中执行如下命令。

```
grant all privileges on *.* to hadoop@' %' identified by  '123456' with grant option;
grant all privileges on *.* to hadoop@'localhost' identified by '123456' with grant option;
```

```
grant all privileges on *.* to hadoop@'192.168.6.110' identified by '123456' with grant option;
```

分别添加远程连接、本机连接、IP 连接权限。

MySQL 是系统自带的数据库，里面有用户权限信息，如果没有这个数据库的话，则 MySQL 需要重装。

7.4.3　Sqoop 的 Path 问题

Sqoop 的 Path 问题如图 7-11 所示。

```
12/12/19 18:56:31 INFO orm.CompilationManager: HADOOP_HOME is /usr/local/hadoop-cdh4.1.2/hadoop-2
Exception in thread "main" java.lang.NoClassDefFoundError: org/apache/hadoop/mapred/JobConf
        at org.apache.sqoop.orm.CompilationManager.findHadoopCoreJar(CompilationManager.java:107)
        at org.apache.sqoop.orm.CompilationManager.compile(CompilationManager.java:135)
        at org.apache.sqoop.tool.CodeGenTool.generateORM(CodeGenTool.java:83)
        at org.apache.sqoop.tool.ImportTool.importTable(ImportTool.java:390)
        at org.apache.sqoop.tool.ImportTool.run(ImportTool.java:476)
        at org.apache.sqoop.Sqoop.run(Sqoop.java:145)
        at org.apache.hadoop.util.ToolRunner.run(ToolRunner.java:70)
        at org.apache.sqoop.Sqoop.runSqoop(Sqoop.java:181)
        at org.apache.sqoop.Sqoop.runTool(Sqoop.java:220)
        at org.apache.sqoop.Sqoop.runTool(Sqoop.java:229)
        at org.apache.sqoop.Sqoop.main(Sqoop.java:238)
        at com.cloudera.sqoop.Sqoop.main(Sqoop.java:57)
Caused by: java.lang.ClassNotFoundException: org.apache.hadoop.mapred.JobConf
        at java.net.URLClassLoader$1.run(URLClassLoader.java:202)
        at java.security.AccessController.doPrivileged(Native Method)
        at java.net.URLClassLoader.findClass(URLClassLoader.java:190)
        at java.lang.ClassLoader.loadClass(ClassLoader.java:306)
        at sun.misc.Launcher$AppClassLoader.loadClass(Launcher.java:301)
        at java.lang.ClassLoader.loadClass(ClassLoader.java:247)
            12 more
```

图 7-11　Sqoop 的 Path 问题

解决方法：配置 Sqoop 的 Path 路径。如果不行，则是 HADOOP_HOME 路径配置错了。

```
export HADOOP_MAPRED_HOME=/usr/local/hadoop-2.0.0-mr1-cdh4.1.2/
export HADOOP_HOME=/usr/local/hadoop-2.0.0-mr1-cdh4.1.2/
```

两个路径配制成一样就能解决这个问题。

7.4.4　Sqoop 的 Import 问题

执行 Sqoop Import 时报错：

```
INFO mapred.JobClient: Cleaning up the staging area hdfs://master:9000/tmp/hadoop。
```

解决方法：删掉 HDFS 上 Hadoop 下的临时文件。

7.5 数据立方管理系统

DataCube 平台提供 CMS 后台管理系统以方便用户的管理、监控和操作。管理系统简洁、易懂，用户不需要专业的技术基础，就能够对整个一体机集群进行监控、分析和维护。

7.5.1 登录

输入用户名和密码，进入后台管理系统。初始用户名和密码分别为 admin 和 admin，如图 7-12 所示。

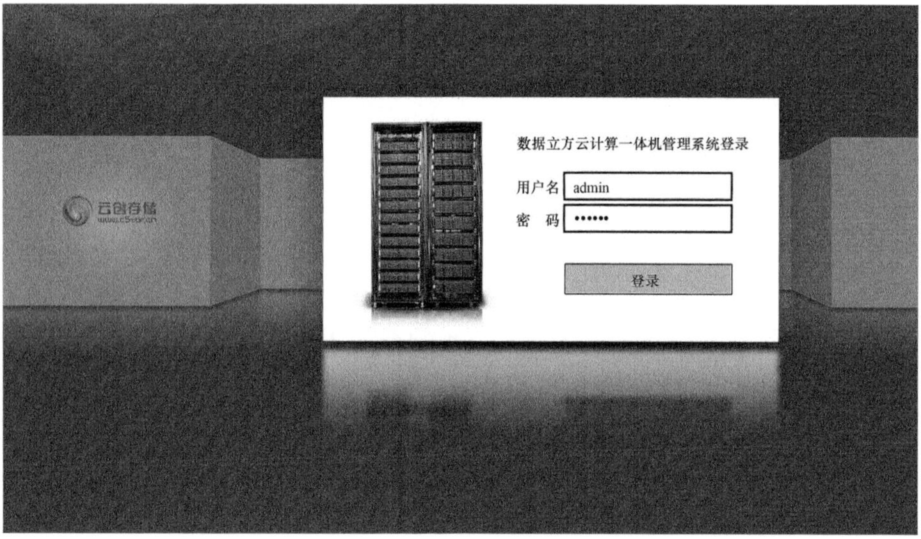

图 7-12　登录页面

7.5.2 集群管理

1. 设备监控

对集群中的每一个机架和设备进行监控，包括硬件工作状态等，如图 7-13 所示。

图 7-13　设备监控页面

2. 系统监控

对集群中的机器负载、CPU、内存、网络进行监控，如图 7-14 所示。

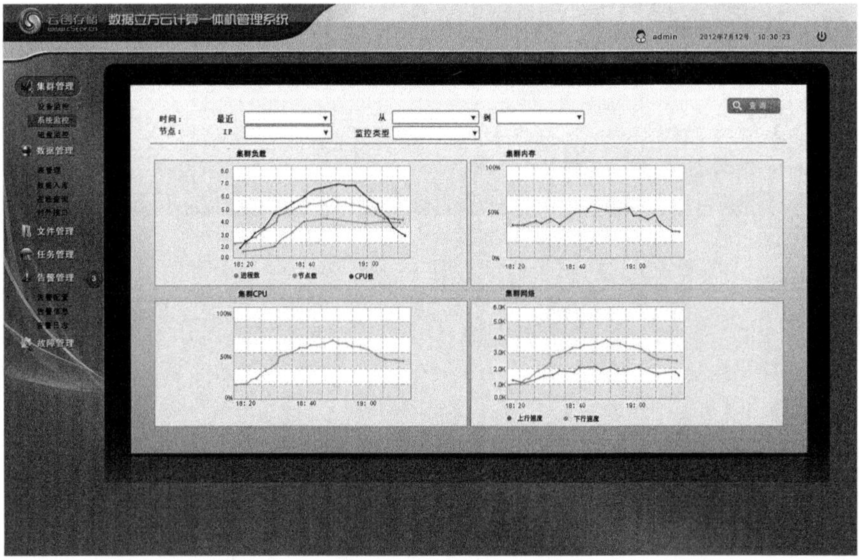

图 7-14　系统监控页面

3. 磁盘监控

对每台机器的硬盘进行监控，包括空间使用率等，如图 7-15 所示。

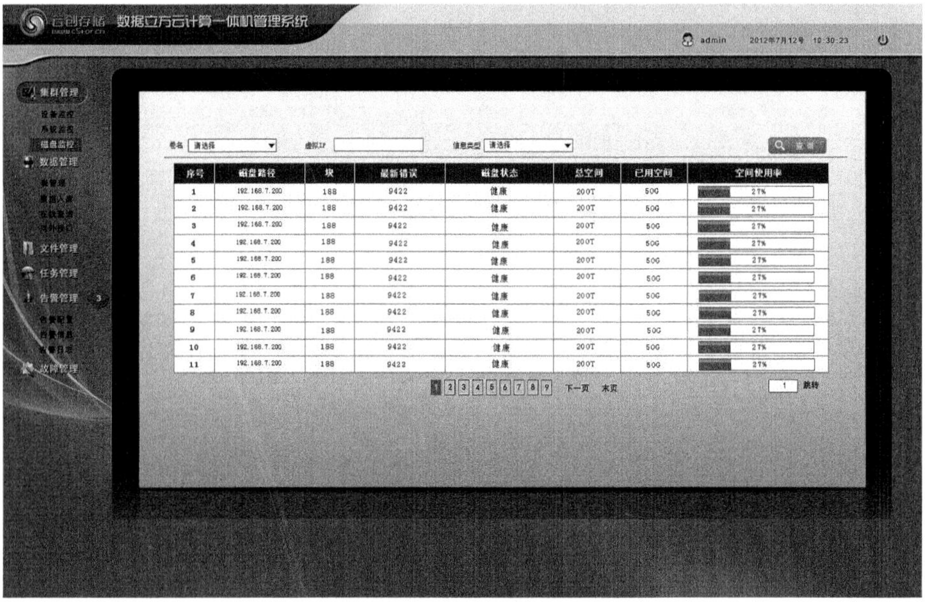

图 7-15　磁盘监控页面

7.5.3　数据管理

数据管理页面如图 7-16 所示。

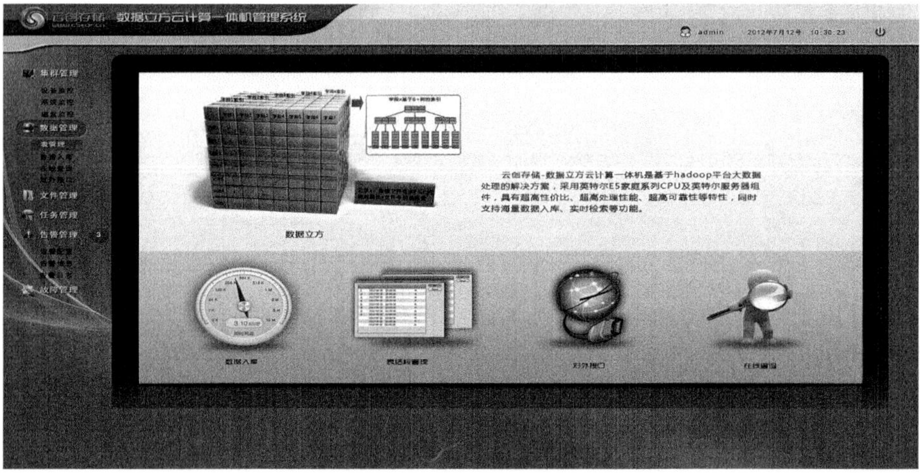

图 7-16　数据管理页面

7.5.4　表结构管理

对表结构进行管理，提供新增、修改、删除等功能，如图 7-17 所示。

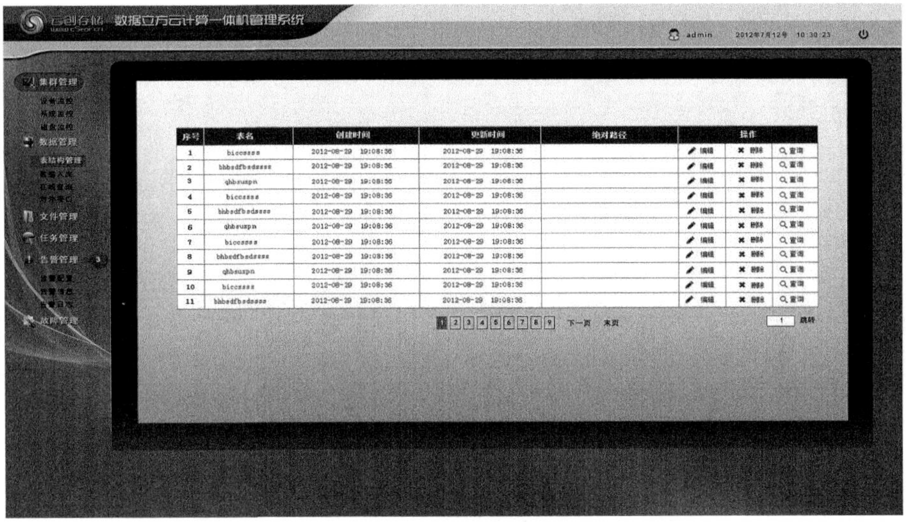

图 7-17　表结构管理页面

7.5.5　数据入库

对当前集群的入库速度进行监控，并提供记录入库、文件入库两种方式，如图 7-18 所示。

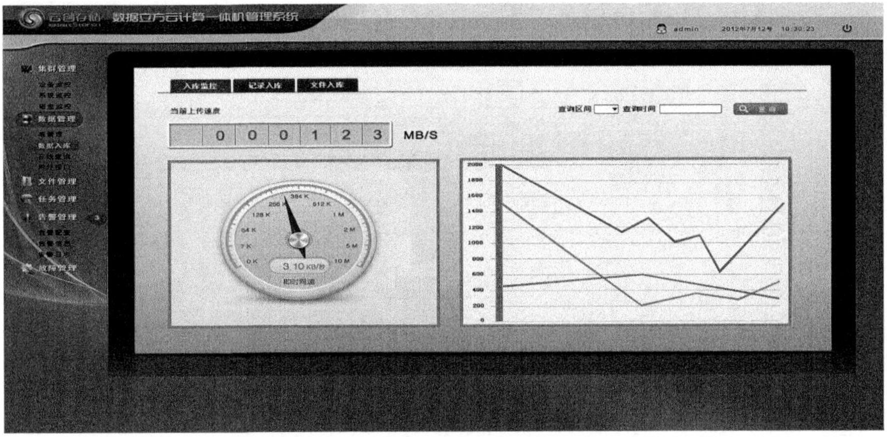

图 7-18　数据入库监控页面

7.5.6 在线查询

通过界面选定过滤条件，进行查询得到相应的结果，如图 7-19 所示。

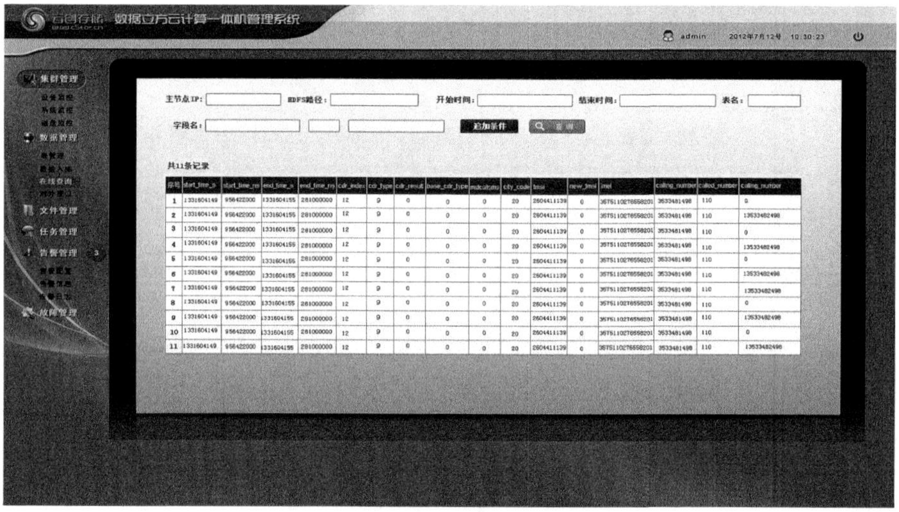

图 7-19 在线查询页面

7.5.7 对外接口

系统提供 WebService 方式以获取数据、数据入库等功能，如图 7-20 所示。

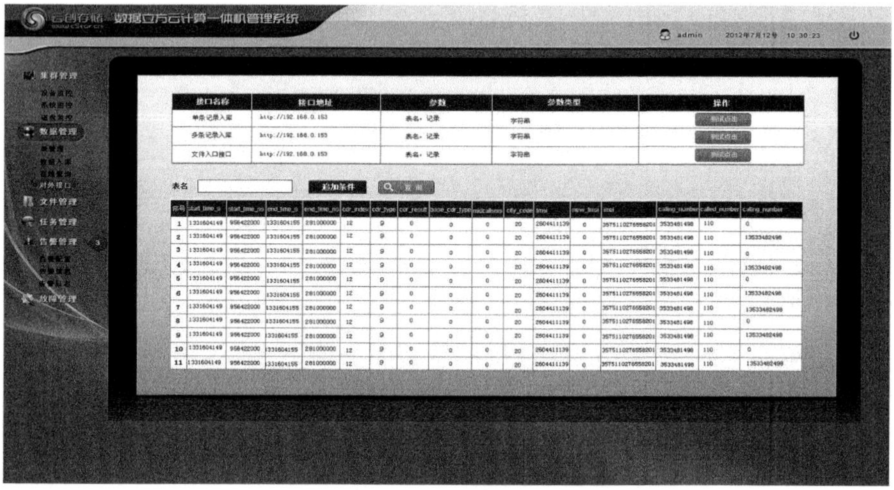

图 7-20 对外接口页面

7.5.8　文件管理

通过文件监控，一目了然地观察到集群中的所有文件，同时可以下载一些源文件进行测试操作，支持文件路径访问、下载、在线查看等操作，如图 7-21 所示。

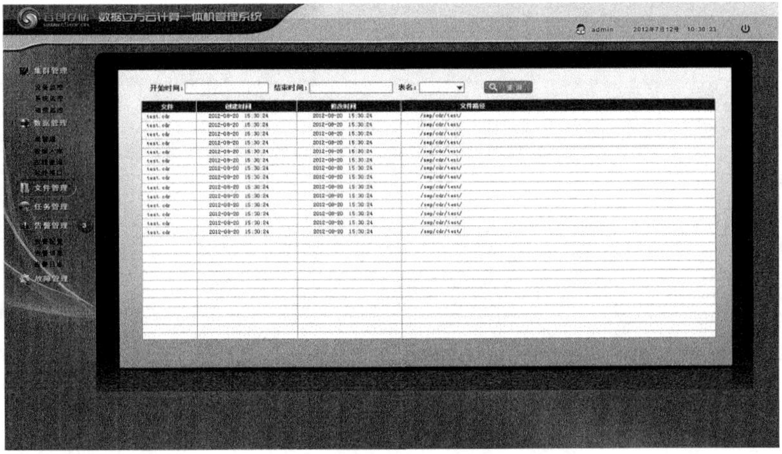

图 7-21　文件管理页面

集成 HDFS 自带的文件管理功能，提供 HDFS 上文件夹与文件的查看，并且可以下载文件。

7.5.9　任务管理

通过任务监控模块可以看到当时集群中工作的任务，观察任务进度以及状态，并能删除任务，如图 7-22 所示。

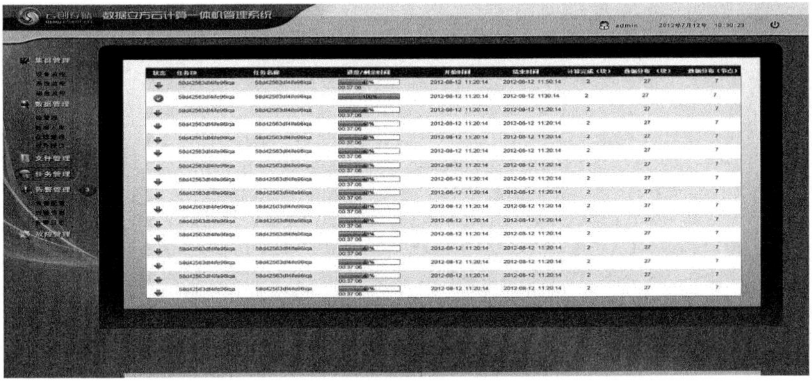

图 7-22　任务管理页面

7.5.10 告警管理

1. 告警配置

设置告警项目，如图 7-23 所示。

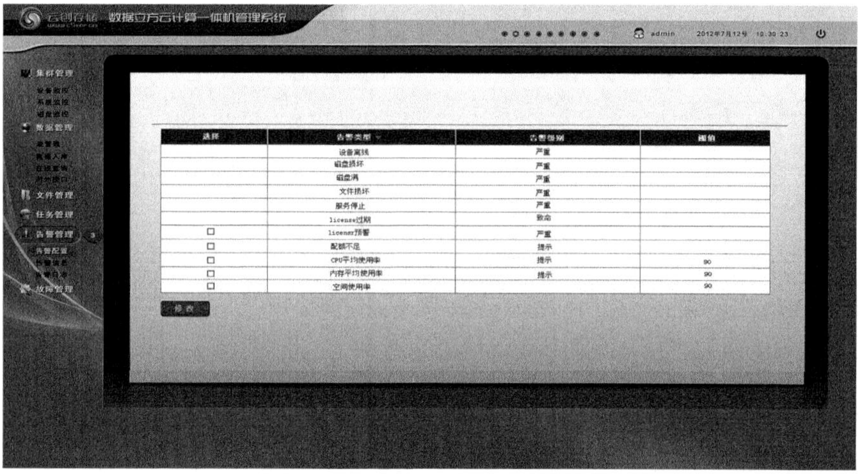

图 7-23　告警配置页面

2. 告警信息

对集群中设备上的告警信息进行展示，如图 7-24 所示。

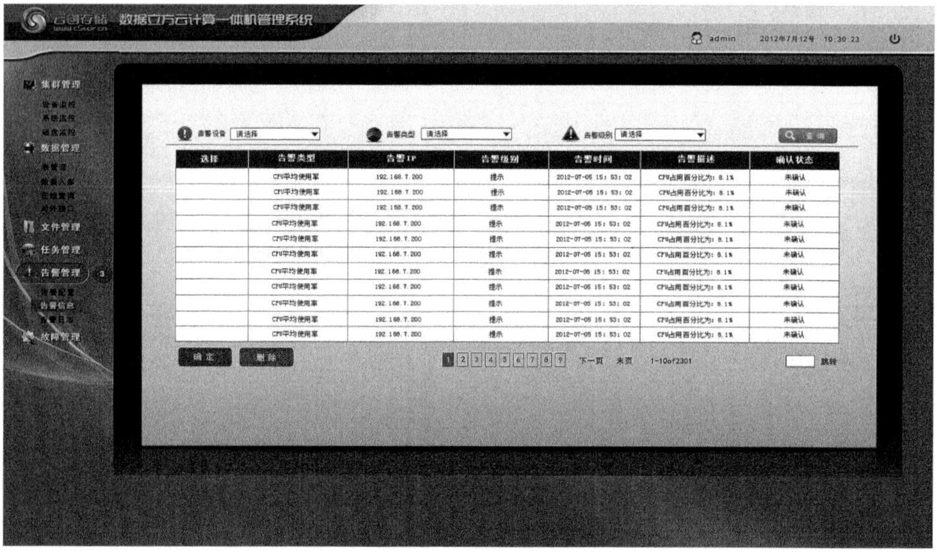

图 7-24　告警信息页面

3. **告警日志**

对告警日志进行回放，如图 7-25 所示。

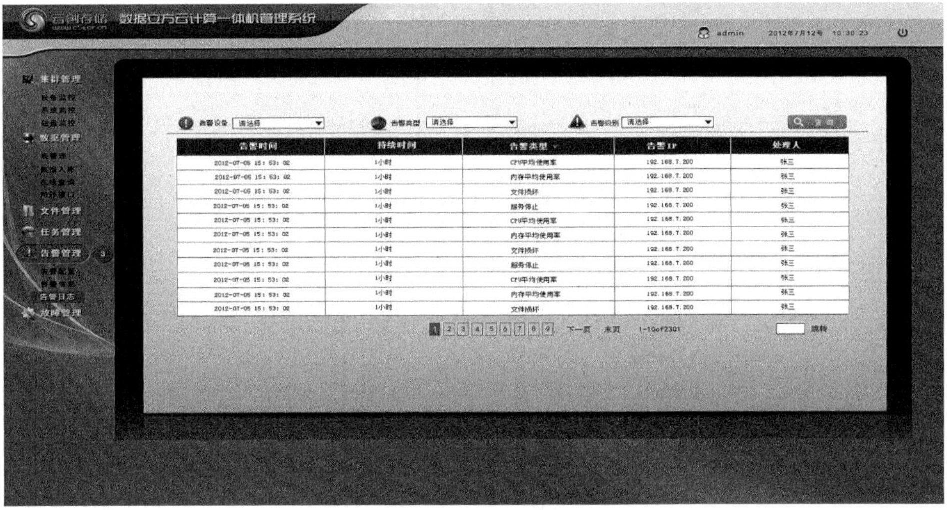

图 7-25　告警日志页面

7.5.11　故障管理

对集群中出现的故障进行管理，如图 7-26 所示。

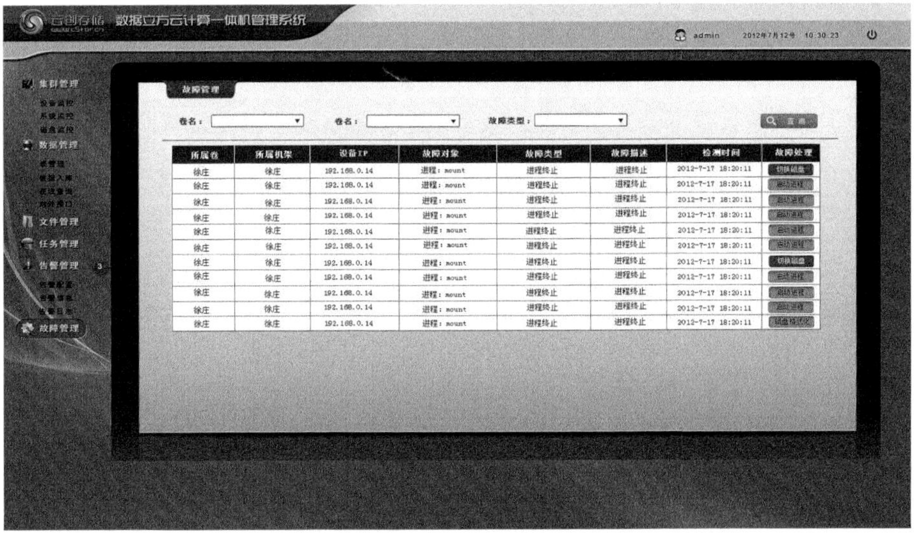

图 7-26　故障管理页面

参考文献

[1] 黑继伟 . 基于分布式并行文件系统 HDFS 的副本管理模型 [D]. 长春：吉林大学，2010.

[2] 刘鹏 . 实战 Hadoop：开启通向云计算的捷径 [M]. 北京：电子工业出版社，2011.

第 8 章 数据立方的可靠性

数据立方可以解决当前分布式处理系统中易出现的单点故障问题，集群内任意节点发生故障都不会影响系统运行的准确性和数据的完整性，并且可以根据系统的实际负载情况自动进行负载均衡。本章主要分 5 个部分详细介绍数据立方的可靠性设计，第一部分为 Hadoop 的可靠性介绍，包括 HDFS 数据块副本机制、HDFS 心跳机制、HDFS 负载均衡和 MapReduce 容错等；第二部分为 Hadoop 的 SecondaryNameNode 机制介绍，包括其磁盘镜像介绍、日志文件介绍和更新镜像流程；第三部分为 Avatar 机制介绍，包括 Avatar 系统架构、元数据同步机制、故障切换过程和运行流程等；第四部分为 Avatar 实战应用介绍，包括实验环境、Avatar 的编译、安装和配置、启动运行与宕机切换；第五部分主要介绍数据立方的工作机制与可靠性等。

| 8.1　Hadoop 的可靠性 |

8.1.1　HDFS 中 NameNode 的单点问题

对于像 HDFS 这种存在中心节点的系统来说，NameNode 的可靠性就是整个集群的可靠性。如何处理 NameNode 系统中的单点成为解决 HDFS 可靠性的首要问题。

对此，不同版本的 Hadoop 有不同的处理机制。对 0.20.x 版来说，单点问题主要是依靠 SecondaryNameNode 机制解决。此机制中主要是一个 SecondaryNameNode 周期性地做 CheckPoint，也就是从 NameNode 上下载磁盘镜像和日志文件，在本地将日志合并到镜像中，产生新的镜像，将此镜像上传到 NameNode，在 NameNode 重启时就会加载此最新镜像，这样就完成了一次 CheckPoint。这种机制只保存上次 CheckPoint 之前的元数据，而 CheckPoint 之后的元数据在 NameNode 失效后就将丢失，因此，此机制对于解决单点问题来说并不是很理想。

对此，Facebook 提出了一套机制来解决 NameNode 的单点问题，就是 Avatar 机制。在此机制中，设置了一个 StandbyNameNode，而原来的 NameNode 被称为 PrimaryNameNode。另外，还有一个节点 NFS（Network File System），用来存储 PrimaryNameNode 的日志。

作为热备节点，StandbyNameNode 通过不断读取 NFS 节点上 PrimaryNameNode 的日志，以保持命名空间的同步，其还具备 SecondaryNameNode 的 CheckPoint 功能，即周期性合并镜像和日志，更新 PrimaryNameNode 上的镜像。此外，DataNode 同时与 PrimaryNameNode 和 StandbyNameNode 交互，向二者同时发送心跳信息和数据块信息，使它们的数据块与 DataNode 之间的映射信息保持一致。NameNode 上的内存数据包括命名空间、数据块与 DataNode 之间的映射信息，这二者的一致就保证了元数据的一致，因此 StandbyNameNode 是一个热备节点。当 PrimaryNameNode 宕机时，StandbyNameNode 可以立即切换为 PrimaryNameNode，接替其工作，对外提供服务，这个切换时间一般在 30 s 之内。虽然在主备切换期间仍然会有操作失败等错误，但就当前来说，Avatar 机制是解决 HDFS 单点问题较好的选择。

SecondaryNameNode 机制和 Avatar 机制将分别在 8.2.2 小节和 8.3 节中详细介绍。

8.1.2 HDFS 数据块副本机制

在 HDFS 中一个文件由许多数据块组成，数据块的大小可以设定，而每个数据块有多个副本[1]。数据块副本机制在很多存储系统中都存在，这是保证数据存储可靠性的必要措施，其中有很多问题需要考虑，例如副本个数和存储位置。在 HDFS 中默认的副本有 3 个，有两个是存放在一个机架中，另一个存放在其他机架上，如图 8-1 所示。

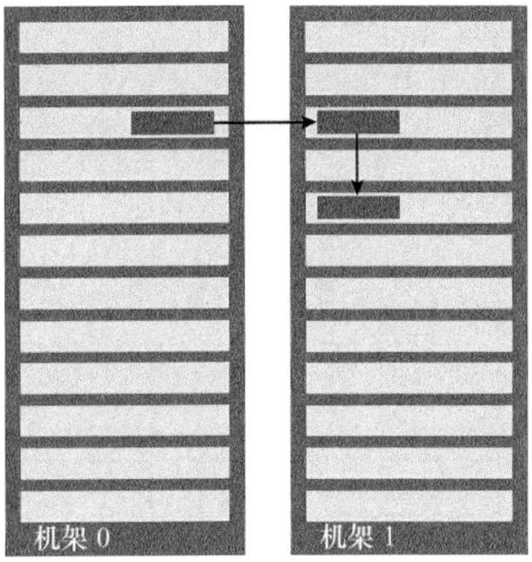

图 8-1 数据副本在机架上的位置

多个数据副本能够有效地保障数据不丢失，当 HDFS 中某个 DataNode 宕机时，HDFS 会恢复存储在其上的数据块，具体措施是：从存有与丢失数据块对应的副本 DataNode 上复制数据块到另一个 DataNode，直到此数据块的副本数达到指定值。

在副本机制中，副本的数量值意味着对数据存储空间的需求是原始数据的数倍，这对于大数据量存储的非重要性数据来说，是很大的空间浪费，因此需要考虑如何基于数据的重要性来设置副本数，文献 [1] 提出了基于历史统计记录的动态副本策略，部分地解决了这个问题。另外，Facebook 版本 HDFS 中的 RAID 机制也从另一方面解决了节省磁盘空间的问题。

8.1.3 HDFS 心跳机制

HDFS 中 NameNode 依赖心跳机制掌握整个集群的工作状况。DataNode 通过周期性地发送心跳信息与 NameNode 联系，NameNode 通过获取 DataNode 的心跳信息得知 DataNode 的存在以及其上的磁盘容量、已用空间、剩余空间、总负载等信息，并以此为依据分配数据块和负载均衡，NameNode 会将相关的命令返回给 DataNode。DataNode 默认每 3 s 发送一次心跳信息，如果 NameNode 在 10 min 内没有收到某个 DataNode 的心跳信息，就认为此 DataNode 失效了，NameNode 就会对其上的数据块做恢复操作。

8.1.4 HDFS 负载均衡

负载均衡是一个在很多系统中都要解决的问题。在 HDFS 中，NameNode 根据 DataNode 发送的心跳信息和所存储的数据块信息，掌握 DataNode 的当前状态，同时根据写入端位置将数据块分配给负载较轻、写入速度较快的 DataNode，将副本写入其他机架上。另外，HDFS 还有一个 Balancer 工具，它可以由 Hadoop 集群管理员启动，用来动态平衡 HDFS 上的数据，主要工作是迁移数据块，当集群中有新的 DataNode 加入时，可以调用此工具，迅速地将其他 DataNode 上的数据块迁移到新 DataNode 上，而当集群负载较高时，不应使用 Balancer，因为这样往往会造成网络上的阻塞，对客户端的延迟过大。用 Balancer 进行数据平衡前后，每个 DataNode 上数据块个数的对比如图 8-2 ~ 图 8-4 所示。

节点	最后接触	管理员状态	配置容量 (GB)	使用 (GB)	非 DFS 使用 (GB)	剩余 (GB)	使用百分比	使用百分比	剩余百分比	数据块数
DataNode00	3	服务中	14.41	0.95	3.28	10.17	6.62%		70.59%	1 000
DataNode01	0	服务中	14.41	0.95	3.28	10.17	6.62%		70.59%	1 000
DataNode02	3	服务中	14.41	0.95	3.28	10.17	6.62%		70.58%	1 000

图 8-2　添加新节点前

节点	最后接触	管理员状态	配置容量 (GB)	使用 (GB)	非 DFS 使用 (GB)	剩余 (GB)	使用百分比	使用百分比	剩余百分比	数据块数
DataNode00	2	服务中	14.41	0.95	3.28	10.17	6.62%		70.59%	1 000
DataNode01	3	服务中	14.41	0.95	3.28	10.17	6.62%		70.59%	1 000
DataNode02	0	服务中	14.41	0.95	3.28	10.17	6.62%		70.58%	1 000
DataNode03	2	服务中	14.41	0	3.29	11.12	0		77.17%	0

图 8-3　添加一个新节点

节点	最后接触	管理员状态	配置容量 (GB)	使用 (GB)	非 DFS 使用 (GB)	剩余 (GB)	使用百分比	使用百分比	剩余百分比	数据块数
DataNode00	2	服务中	14.41	0.72	3.28	10.41	4.97%		72.24%	749
DataNode01	0	服务中	14.41	0.72	3.28	10.41	4.98%		72.22%	764
DataNode02	3	服务中	14.41	0.72	3.29	10.4	5%		72.2%	771
DataNode03	4	服务中	14.41	0.71	3.28	10.41	4.93%		72.27%	747

图 8-4　执行 Balancer 后

8.1.5　MapReduce 容错

MapReduce 集群中运行 JobTracker 的机器为主节点，运行 TaskTracker 的机器为子节点。JobTracker 主要用于调度作业以及调度作业中 Map 和 Reduce 任务到 TaskTracker 上，TaskTracker 主要是执行 Map 和 Reduce 任务。同样 TaskTracker 也会周期性地向 JobTracker 发送心跳信息，报告节点状态和任务执行情况。

当 TaskTracker 在指定时间内没有发送心跳信息时，JobTracker 会以为其已经宕机，并将其上未执行完的 Map 或 Reduce 任务重新调度到其他的 TaskTracker 上继续执行。当 TaskTracker 未宕机，但是在其上运行的任务失败次数达到阈值时，JobTracker 会认为此节点处于高负载状态，会将其列入黑名单，不再将任务分配给此节点。当在指定的时间内此节点上没有任务再出错，则认为此节点已经正常，并从黑名单中删除，任务会被调度到此节点上执行。

JobTracker 会循环遍历调度到 TaskTracker 上的任务，每 200 s 检查一次，当遇到 TaskTracker 上有 Map 或 Reduce 任务失败或超时的情况时，将被重新调度执行。此外，当一个 Map 或 Reduce 任务的进度低于整个作业的进度与一个设定值之和时，一个备用的任务将被启动执行同样的任务，当两者任何一个执行完任务时，此任务就会被认为已完成。

在执行 Map 任务的过程中，当读取数据尤其是读取大规模数据时，往往会遇到错误数据，此时若放弃整个任务甚至作业，是得不偿失的。因此，MapReduce 提供了一个策略，当检测到有异常数据时，任务会跳过这些数据继续处理其他正常数据，在通常的应用场景下，这种策略是允许的。

8.2 Hadoop 的 SecondaryNameNode 机制

在 Hadoop-0.20.x 版中存在一个运行 SecondaryNameNode 进程的节点，主要作用是定时地更新 NameNode 的镜像和日志。

8.2.1 磁盘镜像与日志文件

磁盘镜像存储的是 NameNode 的命名空间，即目录树，就是将内存中的命名空间持久化到镜像文件中，目录树如图 8-5 所示。

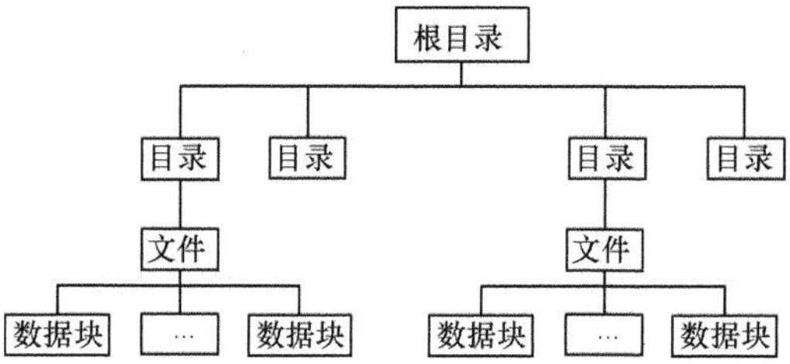

图 8-5 NameNode 目录树结构

日志就是客户端用户的操作，一个对数据或元数据的读写操作被分解为一条或多条日志存入日志文件中。当 NameNode 启动时，会将镜像从磁盘文件中加载到内存里，并且会逐条读取日志文件中的日志，把每条日志应用到命名空间中，使 NameNode 中的命名空间与宕机之前相同。

8.2.2 SecondaryNameNode 更新镜像的流程

本节中 SecondaryNameNode、NameNode 指的是节点上运行的进程。

SecondaryNameNode 更新 NameNode 镜像叫作 CheckPoint 的过程，如图 8-6 所示。

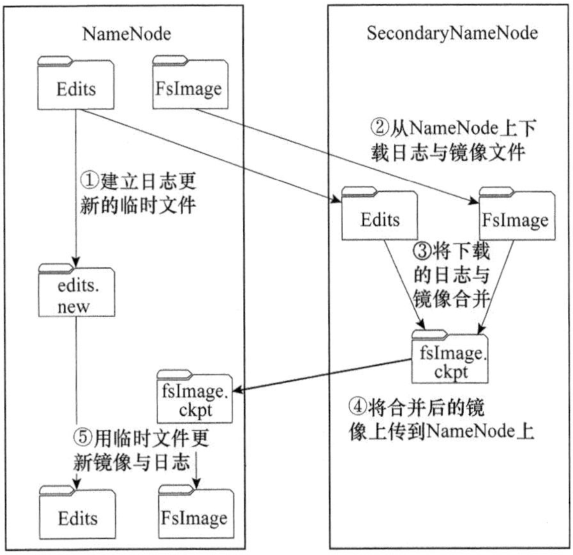

图 8-6　CheckPoint 流程

① SecondaryNameNode 会通知 NameNode 开始做 CheckPoint，并通过远程 RPC 调用 NameNode 的 rollEditLog() 方法，建立文件名为 edits.new 的临时日志文件。

相关源码如下：

org.apache.hadoop.hdfs.server.namenode.SecondaryNameNode.java

```
    void doCheckpoint() throws IOException {
    // Do the required initialization of the merge work area.
    startCheckpoint();
    // Tell the namenode to start logging transactions in a new edit file
    // Retuns a token that would be used to upload the merged image.
    CheckpointSignature sig = (CheckpointSignature)namenode.rollEditLog();
    ……
}
```

② SecondaryNameNode 调用 downloadCheckpointFiles() 方法从 NameNode 上下载镜像和日志文件。

相关源码如下：

org.apache.hadoop.hdfs.server.namenode.SecondaryNameNode.java

```
private void downloadCheckpointFiles(CheckpointSignature sig )
    throws IOException
{
```

```
        … …
        // get fsimage
        String fileid = "getimage=1";
        File[] srcNames = checkpointImage.getImageFiles();
        assert srcNames.length > 0 : "No checkpoint targets.";
        TransferFsImage.getFileClient(fsName, fileid, srcNames);
        LOG.info("Downloaded file " + srcNames[0].getName() + " size " +
                 srcNames[0].length() + " bytes.");

        // get edits file
        fileid = "getedit=1";
        srcNames = checkpointImage.getEditsFiles();
        assert srcNames.length > 0 : "No checkpoint targets.";
        TransferFsImage.getFileClient(fsName, fileid, srcNames);
        LOG.info("Downloaded file " + srcNames[0].getName() + " size " +
        srcNames[0].length() + " bytes.");
        … …
    }
```

③ doMerge () 方法被调用，将下载的镜像和日志文件合并。

相关源码如下：

org.apache.hadoop.hdfs.server.namenode.SecondaryNameNode.java

```
    private void doMerge(CheckpointSignature sig) throws IOException
{
        … …
        loadFsImage(FsImage.getImageFile(sdName, NameNodeFile.IMAGE));
        loadFSEdits(sdEdits);
        … …
        saveFsImage();
    }
```

其中，loadFsImage() 用于加载磁盘上的镜像文件，loadFSEdits() 用于加载日志文件，并将其中的日志应用到内存镜像中，saveFsImage() 用于将内存中的镜像持久化保存到磁盘文件，这样日志与镜像的合并就完成了。

④ putFsImage () 方法被调用，将合并后的镜像上传到 NameNode 上。

相关源码如下：

org.apache.hadoop.hdfs.server.namenode.SecondaryNameNode.java

```
  private void putFsImage(CheckpointSignature sig) throws IOException
```

```
{
  ……
  TransferFsImage.getFileClient(fsName, fileid, (File[])null);
}
```

⑤ SecondaryNameNode 通过远程 RPC 调用 NameNode 的 rollFsImage() 方法，用新的镜像和日志文件代替旧的文件，通知 NameNode 结束 CheckPoint。

相关源码如下：

org.apache.hadoop.hdfs.server.namenode.SecondaryNameNode.java

```
void doCheckpoint() throws IOException
{
……
    namenode.rollFsImage();
    checkpointImage.endCheckpoint();
……
}
```

SecondaryNameNode 机制使用简单、方便，无需开发，简单配置即可，元数据可以有多个备份，但是其没有做到热备且备份节点切换时间长，CheckPoint 只是最后一次 Check 时的元数据信息，有可能造成数据的丢失和不一致。因此，对于 Hadoop 用户来说，更希望有一种 NameNode 的热备机制，以避免元数据丢失并且切换时间最短。

8.3　Avatar 机制

Avatar 机制是由 Facebook 提出的一个应用在 Hadoop-0.20.2 上的补丁程序，Facebook 和一些国内大型 IT 厂商的集群，都将其作为 NameNode 单点故障的解决方案。

打过补丁后，Hadoop 目录 $HADOOP_HOME/src/contrib/ 下会出现一个 HighAvailability 包，其中，主要有继承于 NameNode、DataNode 等主要类的子类 AvatarNode、AvatarDataNode，并提供了 Standby、Ingest 等实用化的线程类。该机制主要提供了一个 StandbyNameNode 作为热备，原 NameNode 在这套机制中被 PrimaryNameNode 代替，负责对外提供服务。这两个 NameNode 的元数据会保持一致，当 PrimaryNameNode 宕机时，StandbyNameNode 切换

为 PrimaryNameNode 的时间很短，根据具体集群环境和应用场景的不同，切换时间为 20 ～ 60 s。

8.3.1 Avatar 系统架构

Avatar 系统架构如图 8-7 所示。

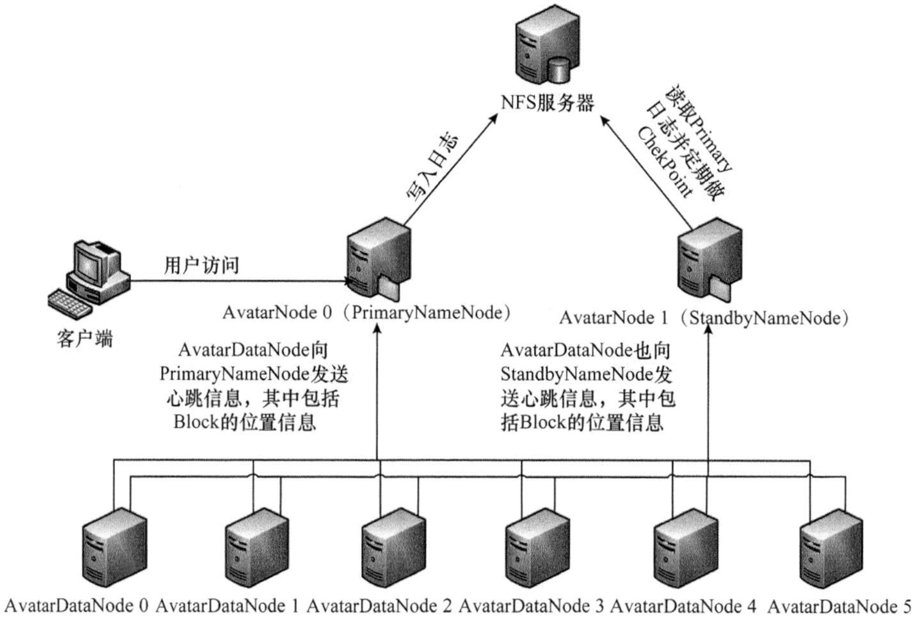

图 8-7　Avatar 系统架构

（1）PrimaryNameNode

以 Primary 方式启动的 NameNode，作为主 NameNode 接收用户请求。AvatarNode0 为主机名。

（2）StandbyNameNode

以 Standby 方式启动的 NameNode，是一个处于 SafeMode 的 NameNode。它定期读取 PrimaryNameNode 存储在 NFS 上的日志来更新自己内存中的元数据，并定期做 CheckPoint，更新 PrimaryNameNode、StandbyNameNode 上的镜像及 PrimaryNameNode 的日志文件。AvatarNode1 为主机名。

在 Avatar 机制中，NameNode 进程被 AvatarNode 代替，AvatarNode 是 NameNode 的子类。在 PrimaryNameNode 和 StandbyNameNode 上可以看到，

运行的进程不再是 NameNode，而是 AvatarNode。

（3）AvatarDataNode

此节点存储数据块，并向 PrimaryNameNode 和 StandbyNameNode 同时发送心跳信息和 BlockReport，其中包括 Block 的位置信息。

（4）NFS 服务器

存储 PrimaryNameNode 和 StandbyNameNode 的镜像和日志。PrimaryNameNode 将用户操作日志写入 NFS 上的日志文件，StandbyNameNode 读取此日志文件，更新内存中的元数据，并且定时做 CheckPoint，将镜像和日志回写入 NFS 服务器。

（5）客户端

此节点向 PrimaryNameNode 提出数据和元数据的读写请求。

8.3.2　Avatar 元数据同步机制

StandbyNameNode 通过读取存储在 NFS 上 PrimaryNameNode 的日志以保持元数据同步。StandbyNameNode 在启动时，会同时启动两个线程：Standby 和 Ingest。Standby 类似于 SecondaryNameNode，Standby 会定期做 CheckPoint；而 Ingest 则是周期性地读取 PrimaryNameNode 在 NFS 上的日志。其主要流程如图 8-8 所示。

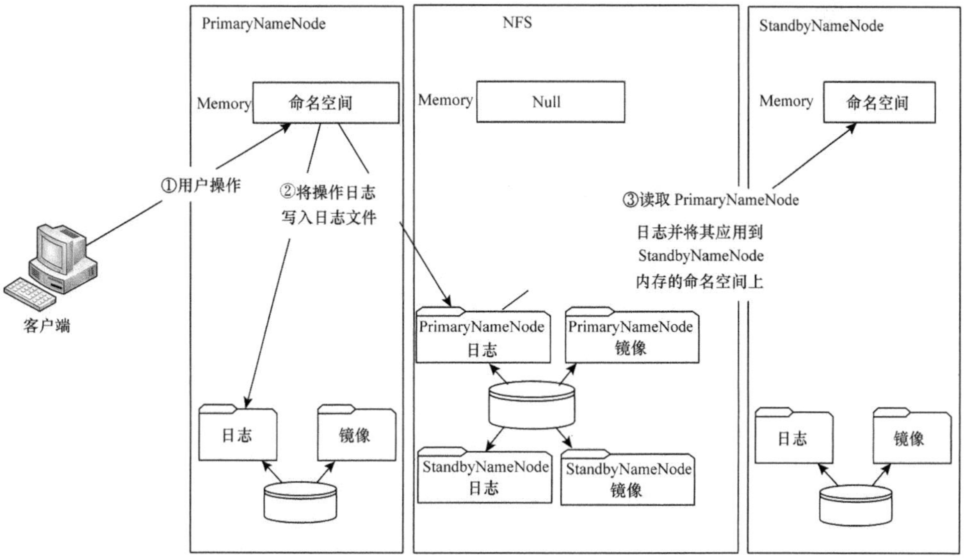

图 8-8　Avatar 元数据同步机制

（1）用户操作

在客户端，用户会对 HDFS 进行操作，包括对数据的操作，如文件的写入和读出；还有对元数据的操作，如对目录的建立和查看。这些都由用户操作。

（2）PrimaryNameNode 将日志写入日志文件

每一个用户操作都会被分解为多条日志，并被写入日志文件中，例如 copyFromLocal（向 HDFS 复制文件）命令，被分解为 openFile、addBlock 等多条日志。在 PrimaryNameNode 上，日志不但会写入本地日志文件，而且通过在配置文件里配置日志文件目录，会被写入 NFS 上的日志文件。

（3）StandbyNameNode 读取 PrimaryNameNode 日志，更新内存的命名空间

StandbyNameNode 上有一个 Ingest 线程，默认每 3 s 读取一次 NFS 上 PrimaryNameNode 的日志文件，将读取到的每条日志应用到内存中的命名空间，以使其与 PrimaryNameNode 上的元数据保持一致。

相关源码如下：

org.apache.hadoop.hdfs.server.namenode.Ingest.java

```
public void run() {
  ……
  while (running) {
  try {
      // keep ingesting transactions from remote edits log.
      loadFSEdits(ingestFile);
  } catch (Exception e) {
       ……
  } finally {
       LOG.warn("Ingest: Processing transactions has a hiccup. " + running);
  }
  }
  success = true;          // successful ingest.
  }
```

ingest.java 是在 Hadoop-0.20.2 上打了 Avatar 补丁后生成的文件，在目录 $HADOOP_HOME/src/contrib/highavailability/src/java/org/apache/hadoop/hdfs/server/namenode/ 下。在这个类的 run() 方法中循环调用 loadFSEdits() 方法，此方法所调用的 ingestFSEdits() 方法主要是读取 NFS 上 PrimaryNameNode 的日志，并将日志应用到内存中。

```
int ingestFSEdits(File fname, DataInputStream in, int logVersion)
    throws IOException
{
……
        // Process all existing transactions till end of file
        //
        while (running) {
            currentPosition = fc.position(); // record the current file offset.

            ……
            switch (opcode) {

                ……
            }
        }
    return numEdits; // total transactions consumed
}
```

在此方法 while(Running) 循环中，对每条日志进行处理，根据不同类型的日志调用不同的方法更新命名空间。

以上是集群在运行期间元数据的同步。当集群启动时，需要一个节点以 Primary 方式先启动 NameNode，另一个节点以 Standby 方法后启动 NameNode。后启动的 StandbyNameNode 就需要对元数据进行初始化同步，因此当 StandbyNameNode 启动时，要加一个 sync 参数。有了这个参数，StandbyNameNode 就会在启动时将 PrimaryNameNode 的镜像和日志文件全部复制到本地，并将其加载到内存中，使得两个节点的元数据同步。

8.3.3 故障切换过程

在 Hadoop 集群运行期间，当运行 PrimaryNameNode 的节点宕机时，需要管理员手动地将运行在其他节点上的 StandbyNameNode 切换为 PrimaryNameNode。另外，一个虚拟 IP 工具被安装到这两个节点上，当 PrimaryNameNode 宕机时，指向它的虚拟 IP 地址将转向 StandbyNameNode，此时客户端的请求将会被发送到 StandbyNameNode。PrimaryNameNode 或 StandbyNameNode 宕机时的处理流程，如图 8-9 所示。

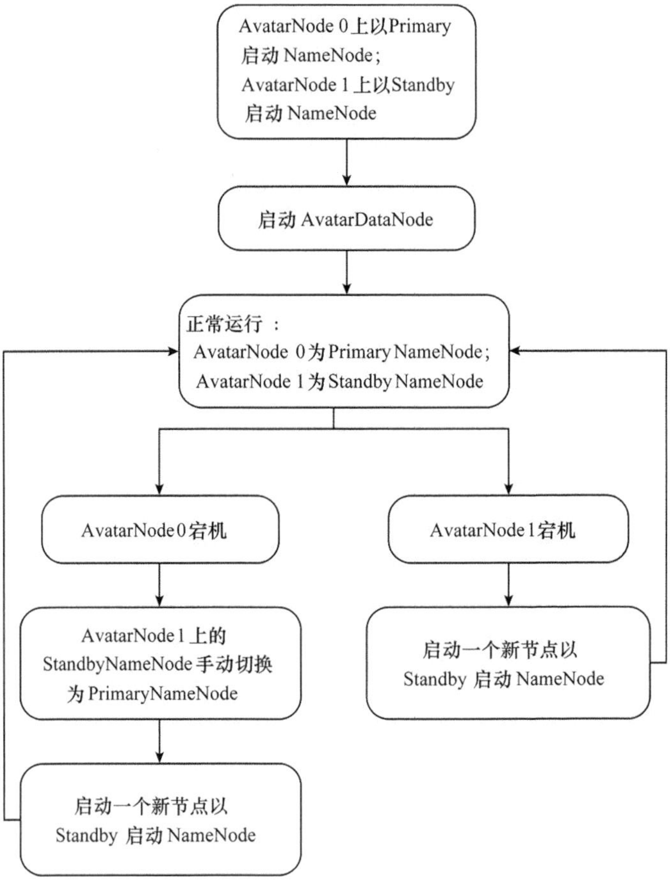

图 8-9　Avatar 故障解决流程

其中，StandbyNameNode 切换为 PrimaryNameNode 的相关源码如下：

org.apache.hadoop.hdfs.server.namenode.AvatarNode.java

```
public synchronized void setAvatar(Avatar avatar) throws IOException
{
    if (avatar == currentAvatar) {
      LOG.info("Trying to change avatar to " + avatar +
                " but am already in that state.");
      return;
    }
    if (avatar == Avatar.STANDBY) {    // ACTIVE to STANDBY
      String msg = "Changing state from active to standby is not allowed." +
```

```
                        "If you really want to pause your primary, put it in safemode.";
        LOG.warn(msg);
        throw new IOException(msg);
      } else {                          // STANDBY to ACTIVE
        // Check to see if the primary is somehow checkpointing itself. If so, then
        // refuse to switch to active mode. This check is not foolproof but is a
        // defensive mechanism to prevent administrator errors.
  if (standby.hasStaleCheckpoint()) {
          String msg = "Failed to change avatar from " + currentAvatar +
                       " to " + avatar +
                       " because the Standby has not yet consumed all transactions.";
          LOG.warn(msg);
          throw new IOException(msg);
        }
        standby.quiesce();
        standby.stop();
        LOG.info(" standby.stop()");
        ……
        setSafeMode(SafeModeAction.SAFEMODE_LEAVE);
      }
      LOG.info("Changed avatar from " + currentAvatar + " to " + avatar);
      currentAvatar = avatar;
  }
```

可以看到，只有当 StandbyNameNode 切换为 PrimaryNameNode 时，关键方法才会执行。首先，Standby 线程会被关闭，而 Ingest 线程又是 Standby 的子线程，因此 Ingest 会先被关闭，在其关闭之前会最后一次读取 NFS 上的日志；其次，StandbyNameNode 会从保护模式中退出，这样就可以接收客户端的写请求；最后，全局变量 currentAvatar 会被设置为 Avatar.ACTIVE，即 Primary。这样整个切换过程结束。

8.3.4　Avatar 运行流程

1. AvatarNode 0 以 PrimaryNameNode 启动

启动过程如图 8-10 所示。

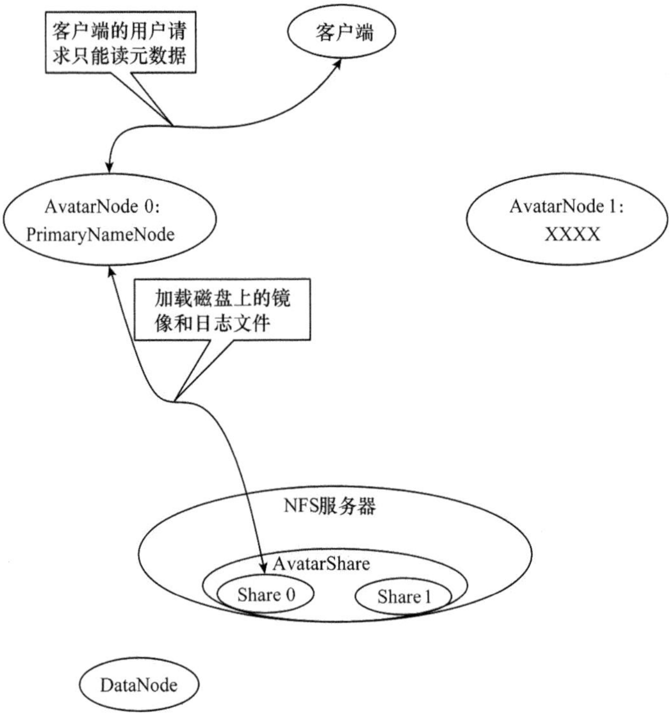

图 8-10 AvatarNode 0 以 PrimaryNameNode 启动

① 启动后会将磁盘上的镜像文件加载到内存，日志文件也会被加载到内存的命名空间中，磁盘镜像会被更新，之后会等待用户请求和 DataNode 的心跳信息。

② 图 8-10 中的 AvatarShare 为 NFS 服务器上的共享目录 /usr/local/hadoop/avatarshare，Share 0、Share 1 分别为 AvatarNode 0、AvatarNode 1 镜像日志的存储目录。

2. AvatarNode 1 以 StandbyNameNode 启动

启动过程如图 8-11 所示。

① 启动参数中要有参数 sync，AvatarNode 1 首先用 NFS 中的 AvatarNode 0 对应镜像日志目录覆盖 AvatarNode 1 的本地和 NFS 的对应目录。

② 同 AvatarNode 0 一样，AvatarNode 1 也会将磁盘上的镜像文件加载到内存，日志文件也会被加载到内存的命名空间中。

③ 启动后，AvatarNode 1 会立即做一次 CheckPoint。

④ Ingest 线程定期从 NFS 的 Share 0 目录中读取 AvatarNode 0 的日志。

⑤ 等待 DataNode 的心跳信息。

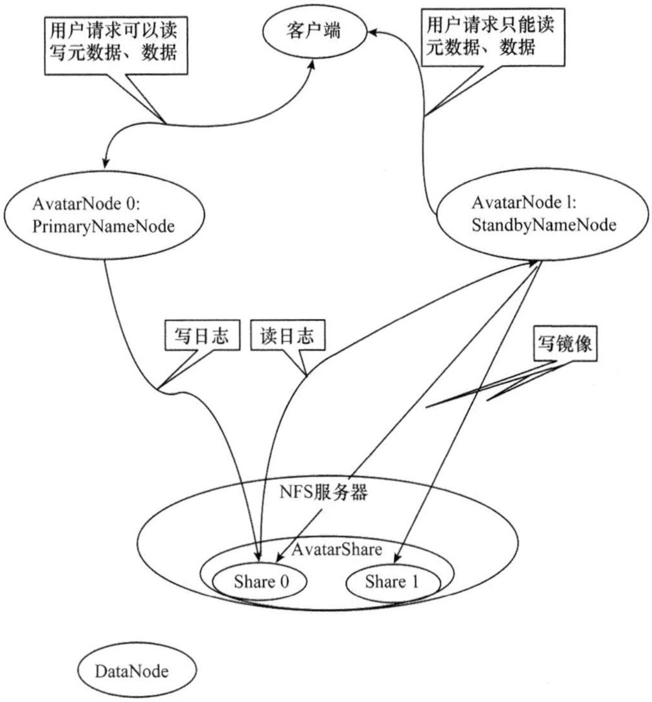

图 8-11　AvatarNode 1 以 StandbyNameNode 启动

3. DataNode *启动*

启动过程如图 8-12 所示（为了简化示意图，只画了一个 DataNode）。

① 向 Primary、Standby 发送心跳信息和存储在 DataNode 上的数据块信息。

② AvatarNode 0 与 AvatarNode 1 收到 DataNode 的心跳信息，构建数据块与存储数据块 DataNode 之间的映射。

4. AvatarNode 0 *宕机*

AvatarNode 0 宕机后的状态如图 8-13 所示。在很多情况下，主 NameNode、AvatarNode 0 都有可能发生故障，当 AvatarNode 0 宕机后客户端将无法访问，AvatarNode 1 周期性的 CheckPoint 也无法继续。

5. AvatarNode 1 *切换为* PrimaryNameNode

AvatarNode 1 切换为 Primary 的过程如图 8-14 所示。

① 管理员手工执行命令将 AvatarNode 1 切换为 PrimaryNameNode。

② Ingest 线程最后一次从 NFS 中 AvatarNode 0 对应日志的目录中读取 AvatarNode 0 的日志。

③ 结束 Ingest 线程和 Standby 线程。

④ AvatarNode1 可以接收用户操作并将其写入日志。

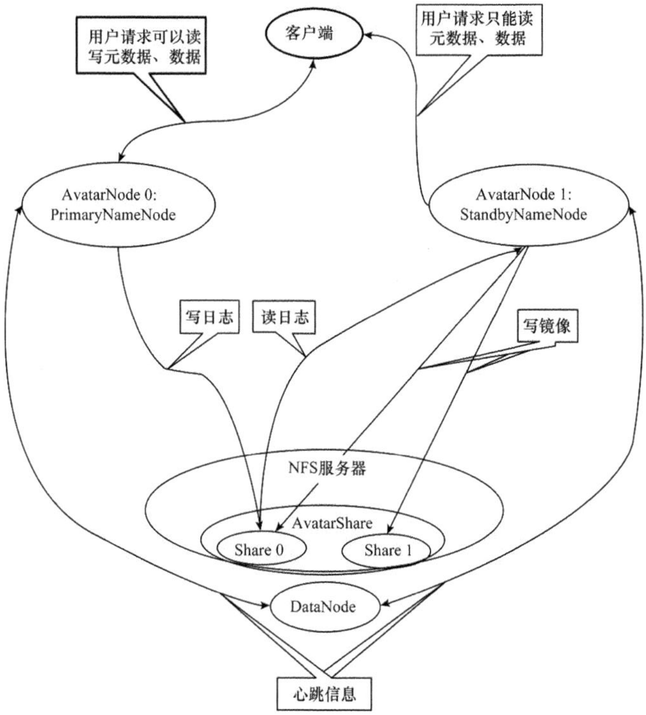

图 8-12　DataNode 启动

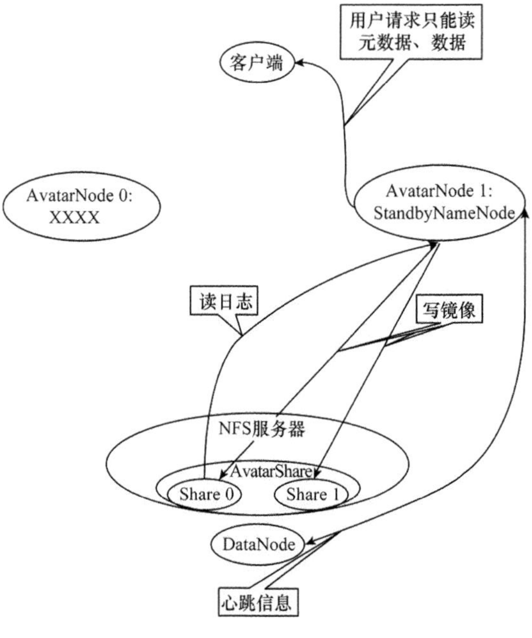

图 8-13　AvatarNode 0 宕机后的状态

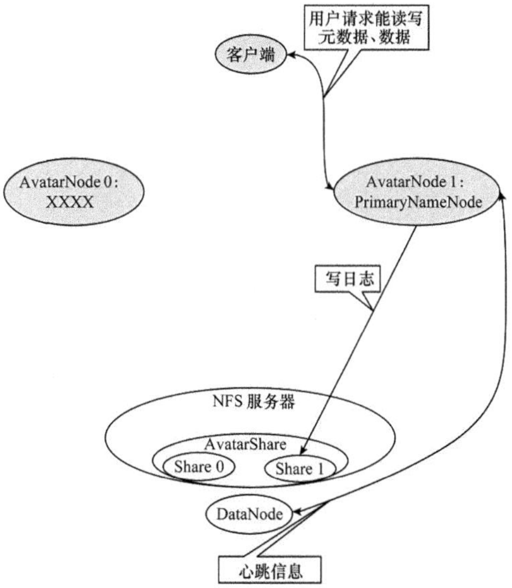

图 8-14　AvatarNode 1 切换为 Primary 过程

6. AvatarNode 0 以 Standby 重启或其他备用机器以 Standby 重启

AvatarNode 0 重启的过程如图 8-15 所示。

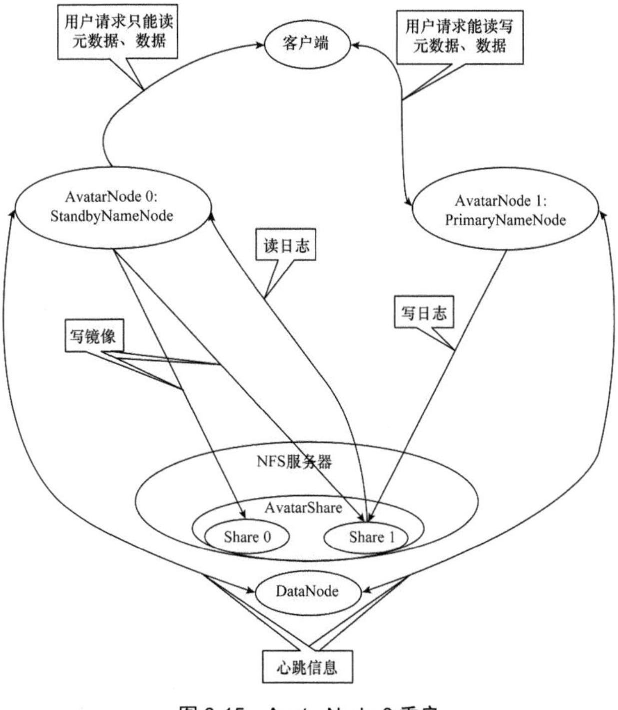

图 8-15　AvatarNode 0 重启

① AvatarNode 0 以 StandbyNameNode 启动（带 sync 参数）。

② 接收心跳信息。

③ 周期性地从 NFS 中 AvatarNode 1 对应存储的目录中读取 AvatarNode1 的日志。

④ 周期性地做 CheckPoint。

8.3.5 Avatar 故障切换流程

1. **集群正常运行状态**

当集群正常运行时，用户操作会在以 PrimaryNameNode 启动的 AvatarNode 0 上产生日志，日志会被写入本地和 NFS 日志文件，并更新内存镜像，AvatarNode 1 从 NFS 上 AvatarNode 0 的日志文件读取日志并更新内存镜像，如图 8-16 所示。

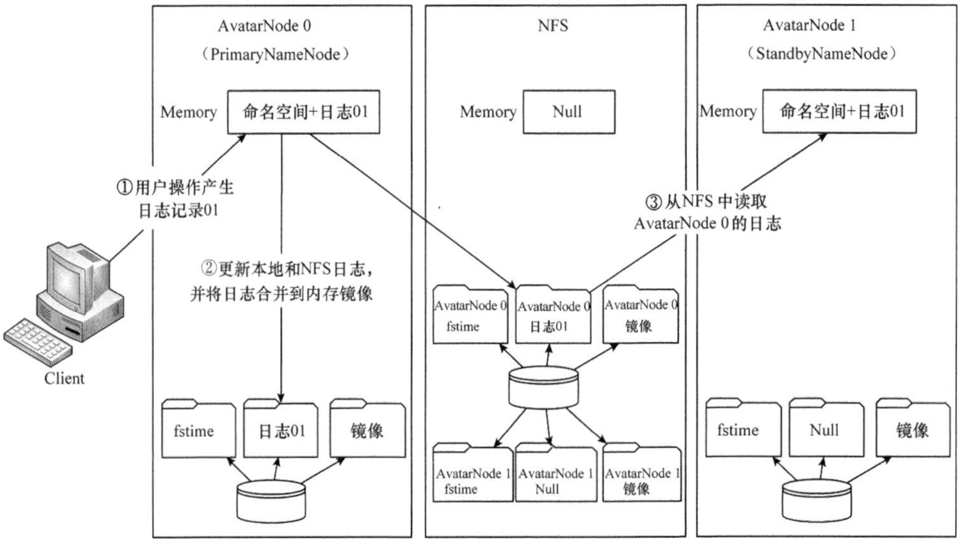

图 8-16 集群正常运行

2. **运行 PrimaryNameNode 的节点宕机**

当 AvatarNode 0 宕机时，需要集群管理员执行 saveNameSpace，将 AvatarNode 1 内存的镜像存储到磁盘上，并清空日志文件，更新 fstime 文件，fstime 中主要存储磁盘镜像更新的时间等信息，如图 8-17 所示。

3. **将 StandbyNameNode 切换为 PrimaryNameNode**

集群管理员将 AvatarNode 1 切换为 PrimaryNameNode。AvatarNode 1 会接

收用户请求，并产生日志，如图 8-18 所示。

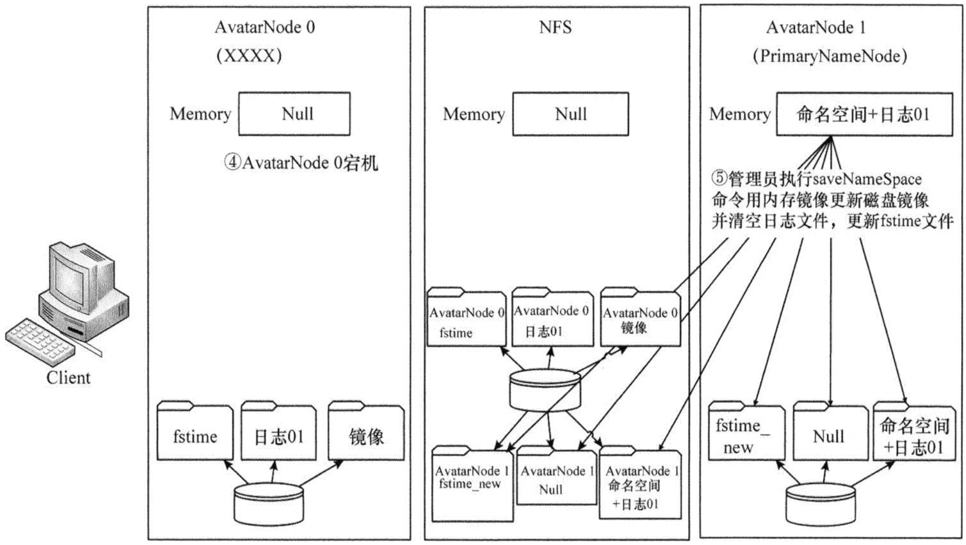

图 8-17　AvatarNode 0 宕机

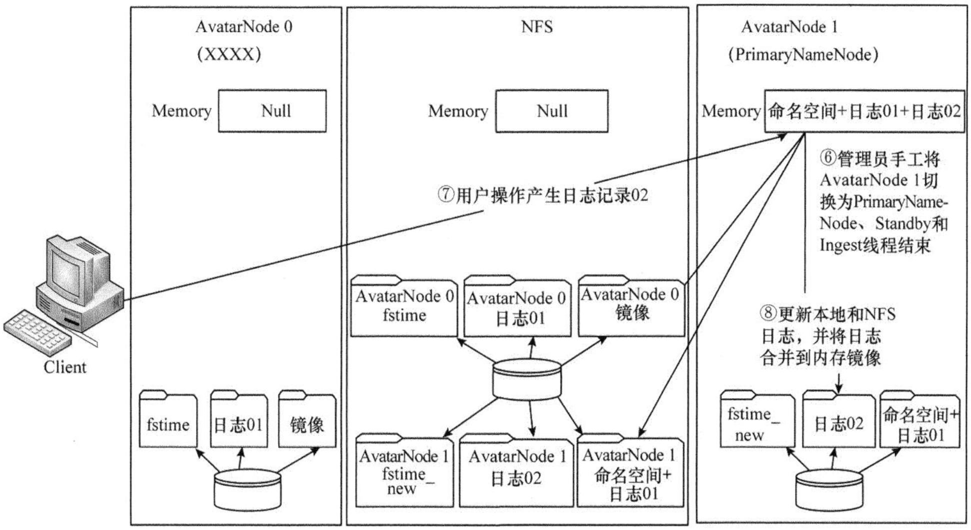

图 8-18　StandbyNameNode 切换为 PrimaryNameNode

4. 将启动新的节点作为 StandbyNameNode

集群管理员将 AvatarNode 0（或其他新的节点）启动为 Standby_NameNode，因为有参数 sync，所以 NFS 上 AvatarNode 0 的镜像日志会被覆盖为 AvatarNode1

的相关文件。最新的镜像和日志被加载到内存，此时最新的镜像和日志应为NFS中的文件，如图8-19所示。

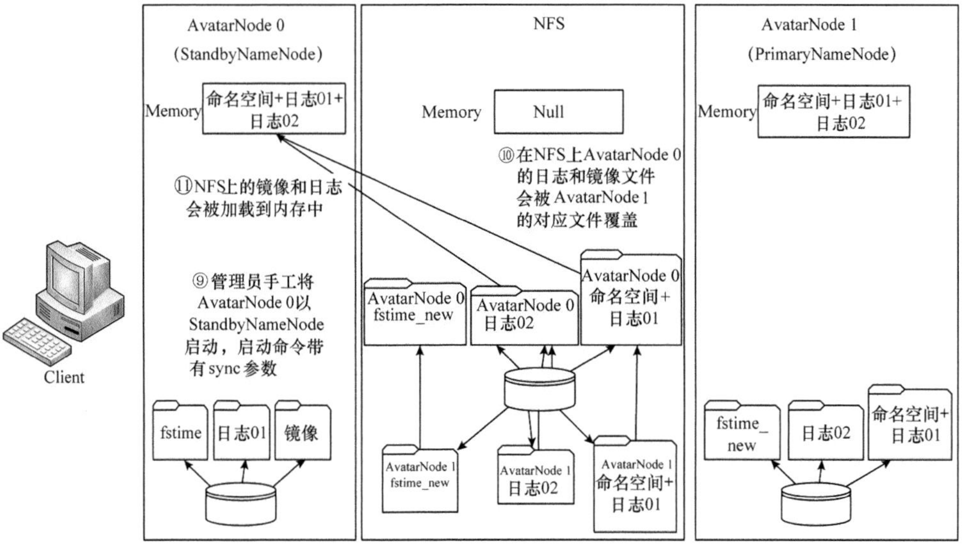

图8-19　新节点启动

在内存镜像加载完毕后，会更新本地和NFS上的磁盘镜像，清空日志文件，更新fstime文件，如图8-20所示。

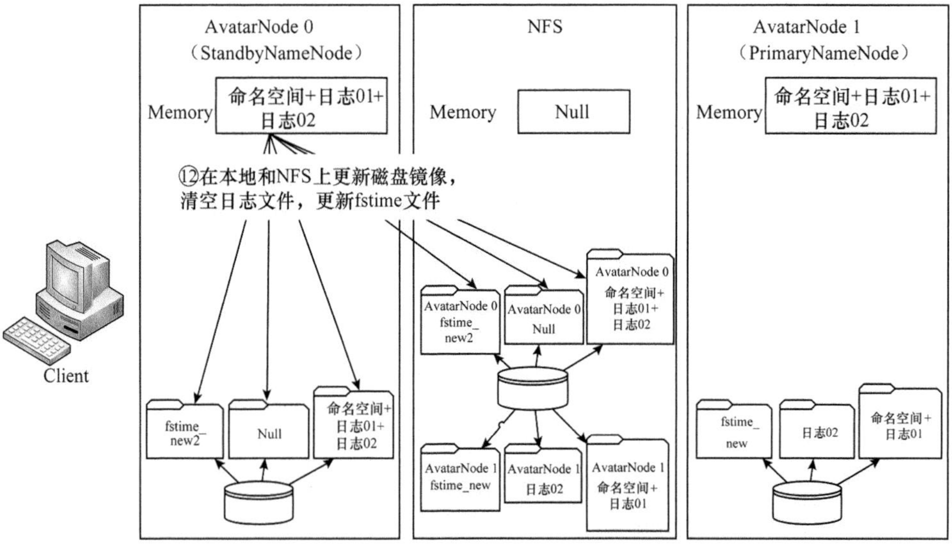

图8-20　新节点启动，更新本地NFS上的磁盘镜像，清空日志文件，更新fstime文件

接下来，AvatarNode 0 要做一次 CheckPoint，首先会去读取 NFS 上 AvatarNode 1 的日志，如图 8-21 所示。

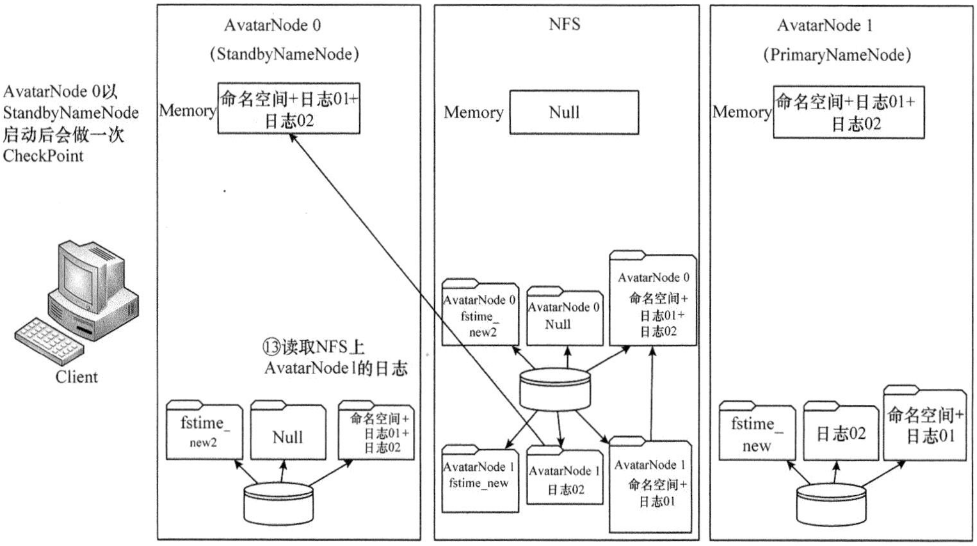

图 8-21　新节点启动做 CheckPoint，读取 NFS 上 AvatarNode 1 的日志

然后，更新 AvatarNode 0 本地和 NFS 的相关文件，如图 8-22 所示。

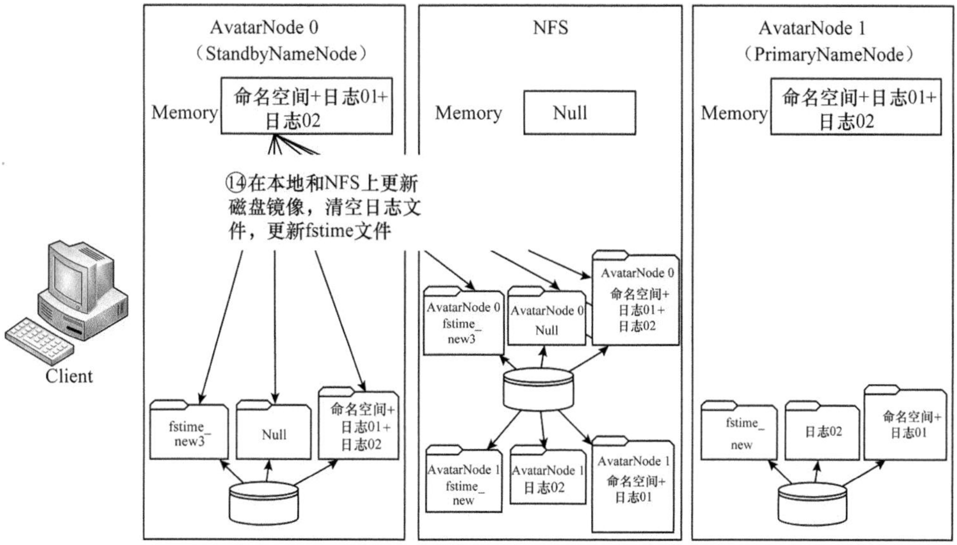

图 8-22　新节点启动做 CheckPoint，更新 AvatarNode 0 的本地和 NFS 的相关文件

最后，调用远程方法，更新 AvatarNode 1 本地和 NFS 的相关文件，如图 8-23 所示。

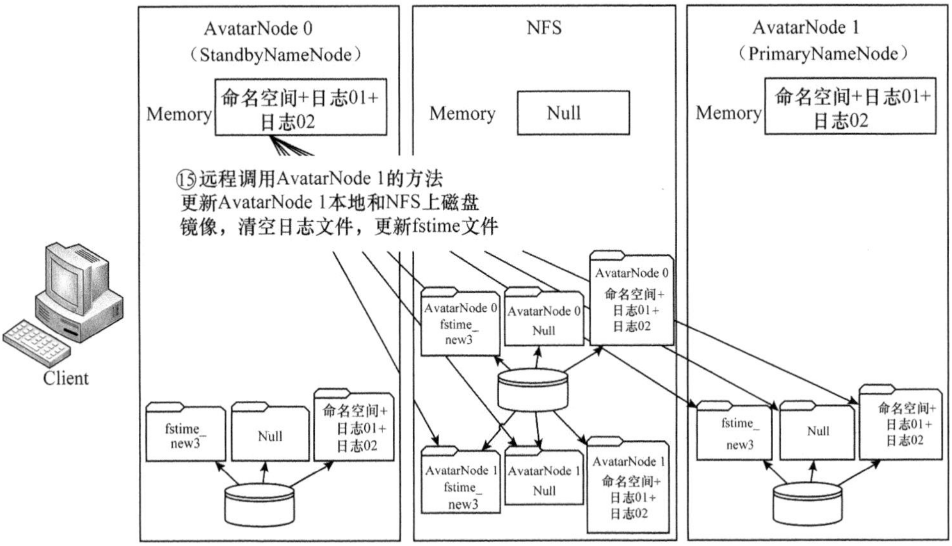

图 8-23　新节点启动做 CheckPoint，调用远程方法更新 AvatarNode1 本地和 NFS 的相关文件

8.4　Avatar 实战

实战主要内容是如何打 Avatar 补丁、Avatar 部署过程以及 StandbyNameNode 如何切换为 PrimaryNameNode 的相关操作。

8.4.1　实验环境

实验系统中一共有 9 个物理节点，操作系统为 CentOS 5.6，Hadoop 使用的版本为 0.20.2，安装目录为 /usr/local/，JDK 版本为 1.6.0_25，使用 Root 用户。

实验中各节点的角色和 IP 地址见表 8-1 所列。

表 8-1　集群节点信息

节　点	角　色	IP 地址
AvatarNode 0	启动时作为 PrimaryNameNode	192.168.11.8， 虚拟 IP：192.168.11.204
AvatarNode 1	启动时作为 StandbyNameNode	192.168.11.10， 虚拟 IP：192.168.11.204
NFS	NFS 服务器	192.168.11.12
DataNode 00	AvatarDataNode	192.168.11.14
DataNode 01	AvatarDataNode	192.168.11.16
DataNode 02	AvatarDataNode	192.168.11.18
DataNode 03	AvatarDataNode	192.168.11.20
DataNode 04	AvatarDataNode	192.168.11.22
DataNode 05	AvatarDataNode	192.168.11.24

8.4.2　Avatar 的编译

（1）打 Avatar 补丁

将补丁复制到 Hadoop 目录下，并在 Hadoop 目录下执行。

```
$ patch -p0 -E <  AvatarNode.20.patch
```

（2）修改源码

将源码文件 $HADOOP_HOME/src/contrib/highavailability/src/java/org/apache/hadoop/hdfs/server/namenode/Standby.java 中第 341 行 doCheckpoint() 方法内部的“fsImage.saveNamespace(true)；”改为“fsImage.saveFSImage()；”此方法在 Hadoop-0.20.2 已不再使用，如下所示：

```
private void doCheckpoint() throws IOException
{
……
synchronized(fsnamesys) {
    ……
      LOG.info("Standby: Save fsimage on local namenode.");
      fsImage.saveFSImage();//fsImage.saveNamespace(true);
    }
……
```

```
}
```

当 NameNode 以 Standby 启动时，要设置 NameNode 为保护模式，在设置为保护模式时要检查用户信息，所以要在 AvatarNode 源码里设置当前用户的信息，否则启动时会出错，这就需要在 $HADOOP_HOME/src/contrib/highavailability/src/java/org/apache/hadoop/ hdfs/server/namenode/AvatarNode.java 文件中 import 两个类，并在第 210 行 initialize(Configuration conf) 方法内部添加语句，如下所示：

```
import org.apache.hadoop.security.UnixUserGroupInformation;
import org.apache.hadoop.security.UserGroupInformation;
……
private void initialize(Configuration conf) throws IOException
{
……
try{
    UserGroupInformation.setCurrentUser(UnixUserGroupInformation.login(conf));
    } catch (LoginException e){
    }
……
}
```

（3）修改源码 build.xml

把 build.xml 中 Documentation 部分的 target 标签对之间所有内容删除（target 标签本身不删），删除后如下：

```
<!-- ====================================================== -->
<!-- Documentation                                          -->
<!-- ====================================================== -->
   <target name="docs" depends="forrest.check" description="Generate forrest-based documentation. To use, specify -Dforrest.home=&lt;base of Apache Forrest installation&gt; on the command line." if="forrest.home">
   </target>
   <target name="cn-docs" depends="forrest.check, init"
          description="Generate forrest-based Chinese documentation. To use, specify -Dforrest.home=&lt;base of Apache Forrest installation&gt; on the command line."
           if="forrest.home">
   </target>
   <target name="forrest.check" unless="forrest.home" depends="java5.check">
   </target>
   <target name="java5.check" unless="java5.home">
```

```
</target>
<target name="javadoc-dev" description="Generate javadoc for hadoop developers">
</target>
<target name="javadoc" depends="compile, ivy-retrieve-javadoc" description= "Generate javadoc">
</target>
<target name="api-xml" depends="ivy-retrieve-jdiff,javadoc,write-null">
</target>
<target name="write-null">
</target>
<target name="api-report" depends="ivy-retrieve-jdiff,api-xml">
</target>
<target name="changes-to-html" description="Convert CHANGES.txt into an html file">
</target>
```

（4）复制 docs

将 $HADOOP_HOME 目录下的 docs 复制到 $HADOOP_ HOME/ build/ 下。

（5）编译打包

编译时必须连接互联网，并且要先安装编译工具 ANT。在 $HADOOP_HOME/ 目录下执行：

```
ant -Djava5.home=$Java5Home compile tar
```

（6）生成可使用的 TAR 包

编译后生成的压缩包为 $HADOOP_HOME/build/Hadoop-0.20.1-dev.tar.gz，解压后将 hadoop-0.20.1-dev/contrib/highavailability/hadoop-0.20.1-dev-highavailability.jar 放到 hadoop-0.20.1-dev/lib 下，上传 hadoop-0.20.1-dev 整个目录到 AvatarNode 0、AvatarNode 1 和所有 AvatarDataNode 上的 /usr/local/ 目录下。

8.4.3　Avatar 的安装和配置

1. **安装配置** NFS

① NFS 服务器是在安装 CentOS 5.6 时默认已安装，并随系统自动启动。

② 在 NFS 服务器上建立共享文件夹。

```
$ mkdir/usr/local/hadoop/avatarshare
```

③ 在 NFS 服务器上配置 /etc/exports 文件。

```
/usr/local/hadoop/avatarshare *(rw,sync,no_root_squash)
```

④ AvatarNode 0 和 AvatarNode 1 上的 NFS 挂载点均为 /usr/local/ hadoop/avatarshare。

挂载命令：

```
mount -v -t nfs -o tcp,soft,retry=2,timeo=2,rsize=32768,wsize=32768    192.168.11.12:/usr/local/hadoop/
avatarshare/usr/local/hadoop/avatarshare
```

2. **安装并配置虚拟 IP 工具 UCARP**

① 在 AvatarNode 0、AvatarNode 1 上安装 UCARP 的 RPM 包。

```
rpm-ivh ucarp-1.5.2-1.el5.i386.rpm
```

② 将 3 个 UCARP 脚本复制到目录 /etc/ 下，以 AvatarNode 0（192.168.11.8）为例，说明脚本文件内容。其中，123456 为用户密码，如果是在 Root 用户下使用 UCARP，则不需要密码。在 ucarp.sh 里，192.168.11.8 为物理 IP，192.168.11.204 为虚拟 IP，在实际使用中可以自行换成自定义的 IP。

ucarp.sh 文件内容如下：

```
#! /bin/sh
echo "123456" | sudo -S ucarp --interface=eth0 --srcip=192.168.11.8 --vhid=1 --pass=mypassword
--addr=192.168.11.204 \
--preempt --neutral --advbase=1 --upscript=/etc/vip-up.sh --downscript=/etc/vip-down.sh
```

vip-up.sh 文件内容如下：

```
#! /bin/sh
echo "123456" | sudo -S /sbin/ip addr add 192.168.11.204/24 dev eth0
```

vip-down.sh 文件内容如下：

```
#! /bin/sh
echo "123456" | sudo -S /sbin/ip addr del 192.168.11.204/24 dev eth0
```

3. **配置 /etc/profile**

在每个节点上把 Hadoop 的安装路径添加到 /etc/profile 文件中，添加内容如下：

```
export HADOOP_HOME=/usr/local/hadoop-0.20.1-dev
export PATH=$HADOOP_HOME/bin:$PATH
```

4. **配置 /etc/hosts**

在每个节点上配置 /etc/hosts，打开如下文件：

```
$ vi /etc/hosts
```

实验中的配置内容如下：

```
127.0.0.1          localhost
192.168.11.8       AvatarNode0
192.168.11.10      AvatarNode1
192.168.11.14      AvatarDataNode00
192.168.11.16      AvatarDataNode01
192.168.11.18      AvatarDataNode02
```

```
192.168.11.20        AvatarDataNode03
192.168.11.22        AvatarDataNode04
192.168.11.24        AvatarDataNode05
```

5. SSH 无密码登录

① SSH 是在安装 CentOS 时默认安装，并随开机自动启动。

② 实现无密码登录本机。

用下面的命令配置：

```
$ ssh-keygen -t dsa -P '' -f ~/.ssh/id_dsa
$ cat ~/.ssh/id_dsa.pub >> ~/.ssh/authorized_keys
```

完成后可以实现无密码登录本机，登录命令如下：

```
$ ssh localhost
```

③ 两个节点无密码互登录。

以 192.168.11.8 和 192.168.11.10 为例说明操作方式。

复制 192.168.11.8 的 id_dsa.pub 文件到 192.168.11.10：

```
$ scp ~/.ssh/id_dsa.pub 192.168.11.10:~/.ssh/10.pub
```

登录 192.168.11.10 ，执行如下命令：

```
$ cat ~/.ssh/10.pub >> ~/.ssh/authorized_keys
```

复制 192.168.11.10 的 id_dsa.pub 文件到 192.168.11.8：

```
$ scp ~/.ssh/id_dsa.pub 192.168.11.8:~/.ssh/8.pub
```

登录 192.168.11.8 ，执行如下命令：

```
$ cat ~/.ssh/8.pub >> ~/.ssh/authorized_keys
```

从 192.168.11.8 登录 192.168.11.10。

```
$ ssh 192.168.11.10
```

④ 配置完毕，检查是否可以登录。

如果依然不能访问，可以修改节点 ~/.ssh/ 目录下文件 authorized_keys 的权限。

```
$ chmod 600 authorized_keys
```

⑤ 关闭防火墙。

```
$ ufw disable
```

⑥ 配置所有节点实现无密码登录本机，以及每个 AvatarDataNode 无密码登录 AvatarNode 0 和 AvatarNode 1。

6. 配置 conf/masters 和 conf/slaves 文件

只在 PrimaryNameNode 和 StandbyNameNode 上配置。AvatarNode 0 上的 $HADOOP_HOME/conf/masters 文件内容如下：

```
192.168.11.8
```

AvatarNode1 上 $HADOOP_HOME/conf/masters 文件内容如下：

```
192.168.11.10
```

AvatarNode 0 和 AvatarNode 1 上 $HADOOP_HOME/conf/slaves 文件（每一行一个 AvatarDataNode 的 IP）内容如下：

```
192.168.11.14
192.168.11.16
192.168.11.18
192.168.11.20
192.168.11.22
192.168.11.24
```

7. **配置** conf/hadoop-env.sh

在 $HADOOP_HOME/conf/hadoop-env.sh 文件中加入下面一行：

```
export JAVA_HOME=/root/jdk1.6.0_25
```

其中，/root/jdk1.6.0_25 为 JDK 安装路径。

8. **配置各节点参数**

在实验中需要用到的配置文件为 core-site.xml 和 hdfs-site.xml，系统运行的一些参数需要在文件中编辑。

（1）AvatarNode 0 的参数配置

core-site.xml 文件内容如下：

```
<?xml version="1.0"?>
<?xml-stylesheet type="text/xsl" href="configuration.xsl"?>
<!-- Put site-specific property overrides in this file. -->
<configuration>
<!-- special parameters for avatarnode -->
  <property>
        <name>fs.default.name0</name>
        <value>hdfs://0.0.0.0:9000</value>
  </property>
  <property>
        <name>fs.default.name1</name>
        <value>hdfs://192.168.11.10:9000</value>
  </property>
<!-- special parameters for avatarnode -->
<property>
        <name>fs.default.name</name>
        <value>hdfs://192.168.11.204:9000</value>
```

```
</property>
<property>
        <name>hadoop.tmp.dir</name>
        <value>/usr/local/hadoop/tmp</value>
</property>
</configuration>
```

其中，fs.default.name 0 为 AvatarNode 0 上 NameNode 的 RPC 服务器地址，值为 hdfs://0.0.0.0:9000，使得客户端用物理 IP 和虚拟 IP 都可以访问此 NameNode；fs.default.name 1 则是 AvatarNode 1 上 NameNode 的 RPC 服务器地址。

hdfs-site.xml 文件内容如下：

```
<?xml version="1.0"?>
<?xml-stylesheet type="text/xsl" href="configuration.xsl"?>
<!-- Put site-specific property overrides in this file. -->
<!-- special parameters for avatarnode -->
<configuration>
<property>
  <name>dfs.permissions</name>
  <value>false</value>
</property>
<property>
        <name>dfs.name.dir.shared0</name>
        <value>/usr/local/hadoop/avatarshare/share0/namenode</value>
</property>
<property>
        <name>dfs.name.edits.dir.shared0</name>
        <value>/usr/local/hadoop/avatarshare/share0/editlog</value>
</property>
<property>
        <name>dfs.http.address0</name>
        <value>0.0.0.0:50070</value>
</property>
<property>
        <name>dfs.name.dir.shared1</name>
        <value>/usr/local/hadoop/avatarshare/share1/namenode</value>
</property>
```

```
<property>
        <name>dfs.name.edits.dir.shared1</name>
        <value>/usr/local/hadoop/avatarshare/share1/editlog</value>
</property>
<property>
        <name>dfs.http.address1</name>
        <value>192.168.11.10:50070</value>
</property>
<property>
        <name>dfs.http.address</name>
        <value>0.0.0.0:50070</value>
</property>
<property>
        <name>dfs.name.dir</name>
        <value>/usr/local/hadoop/local/namenode</value>
</property>
<property>
        <name>dfs.name.edits.dir</name>
        <value>/usr/local/hadoop/local/editlog</value>
</property>
</configuration>
```

在此配置文件里，除了 Hadoop 的配置项外，Avatar 的配置项 dfs.name.dir.shared 0、dfs.name.edits.dir.shared 0、dfs.name.dir.shared 1、dfs.name.edits.dir.shared 1 分别为 AvatarNode 0 上 HDFS 的镜像日志存储目录和 AvatarNode 1 上 HDFS 的镜像日志存储目录。可以看到，这些目录都在 NFS 的共享目录中，当 AvatarNode 0 上运行的是 PrimaryNameNode 时，会向 dfs.name.edits.dir.share 0 中写日志，AvatarNode 1 上的 StandbyNameNode 就会去读这些日志；反之，当 AvatarNode 1 上运行的是 PrimaryNameNode 时，会向 dfs.name.edits.dir.share 1 中写日志，AvatarNode 0 上的 StandbyNameNode 就会去读这些日志。

（2）AvatarNode 1 的参数配置

core-site.xml 的文件内容如下：

```
<?xml version="1.0"?>
<?xml-stylesheet type="text/xsl" href="configuration.xsl"?>
<!-- Put site-specific property overrides in this file. -->
<configuration>
<!-- special parameters for avatarnode -->
```

```
  <property>
          <name>fs.default.name0</name>
          <value>hdfs://192.168.11.8:9000</value>
  </property>
  <property>
          <name>fs.default.name1</name>
          <value>hdfs://0.0.0.0:9000</value>
  </property>
<!-- special parameters for avatarnode -->
<property>
          <name>fs.default.name</name>
          <value>hdfs://192.168.11.204:9000</value>
</property>
<property>
          <name>hadoop.tmp.dir</name>
          <value>/usr/local/hadoop/tmp</value>
</property>
</configuration>
```

hdfs-site.xml 文件内容如下：

```
<?xml version="1.0"?>
<?xml-stylesheet type="text/xsl" href="configuration.xsl"?>
<!-- Put site-specific property overrides in this file. -->
<!-- special parameters for avatarnode -->
<configuration>
<property>
  <name>dfs.permissions</name>
  <value>false</value>
</property>
<property>
          <name>dfs.name.dir.shared0</name>
          <value>/usr/local/hadoop/avatarshare/share0/namenode</value>
</property>
<property>
          <name>dfs.name.edits.dir.shared0</name>
          <value>/usr/local/hadoop/avatarshare/share0/editlog</value>
</property>
<property>
```

```
            <name>dfs.http.address0</name>
            <value>192.168.11.8:50070</value>
    </property>
    <property>
            <name>dfs.name.dir.shared1</name>
            <value>/usr/local/hadoop/avatarshare/share1/namenode</value>
    </property>
    <property>
            <name>dfs.name.edits.dir.shared1</name>
            <value>/usr/local/hadoop/avatarshare/share1/editlog</value>
    </property>
    <property>
            <name>dfs.http.address1</name>
            <value>0.0.0.0:50070</value>
    </property>
    <property>
            <name>dfs.name.dir</name>
            <value>/usr/local/hadoop/local/namenode</value>
    </property>
    <property>
            <name>dfs.name.edits.dir</name>
            <value>/usr/local/hadoop/local/editlog</value>
    </property>
    </configuration>
```

（3）DataNode 的参数配置

core-site.xml 文件内容如下：

```
<?xml version="1.0"?>
<?xml-stylesheet type="text/xsl" href="configuration.xsl"?>
<!-- Put site-specific property overrides in this file. -->
<configuration>
<!-- special parameters for avatarnode -->
  <property>
          <name>fs.default.name0</name>
          <value>hdfs://192.168.11.8:9000</value>
  </property>
  <property>
```

```
            <name>fs.default.name1</name>
            <value>hdfs://192.168.11.10:9000</value>
    </property>
<!-- special parameters for avatarnode -->
<property>
            <name>fs.default.name</name>
            <value>hdfs://192.168.11.204:9000</value>
</property>
<property>
            <name>hadoop.tmp.dir</name>
            <value>/usr/local/hadoop/tmp</value>
</property>
</configuration>
```

其中，fs.default.name 0 和 fs.default.name1 均为物理地址，这是因为 AvatarDataNode 要向两个 NameNode 发送信息。

hdfs-site.xml 文件内容如下：

```
<?xml version="1.0"?>
<?xml-stylesheet type="text/xsl" href="configuration.xsl"?>
<!-- Put site-specific property overrides in this file. -->
<!-- special parameters for avatarnode -->
<configuration>
<property>
  <name>dfs.permissions</name>
  <value>false</value>
</property>
<property>
            <name>dfs.http.address0</name>
            <value>192.168.11.8:50070</value>
</property>
<property>
            <name>dfs.http.address1</name>
            <value>192.168.11.10:50070</value>
</property>
<!-- special parameters for avatarnode -->
<property>
            <name>dfs.http.address</name>
```

```
        <value>192.168.11.204:50070</value>
    </property>
    <property>
        <name>dfs.replication</name>
        <value>3</value>
    </property>
    <property>
        <name>dfs.data.dir</name>
        <value>/mnt/data1/block</value>
    </property>
</configuration>
```

（4）客户端的参数配置

与 AvatarDataNode 相同。

8.4.4 Avatar 启动运行与宕机切换

1．AvatarNode 0、AvatarNode 1 挂载 NFS 共享目录

挂载命令如下：

```
mount-v-t nfs-o tcp，soft，retry=2，timeo=2，rsize=32768，wsize=32768  192.168.11.12:/usr/local/hadoop/avatarshare /usr/local/hadoop/avatarshare
```

2．启动虚拟 IP

先在 AvatarNode 0 上后台启动 UCARP。

```
nohup /etc/ucarp.sh &
```

然后，在 AvatarNode 1 同样执行此命令即可。

3．建立相关目录

配置文件中配置项对应的相关目录都要被建立，否则会出错。

4．格式化

（1）在 AvatarNode 0 执行格式化命令

```
$HADOOP_HOME/bin/hadoop namenode org.apache.hadoop.hdfs.server.
namenode.AvatarNode-zero -format
```

被格式化的目录见表 8-2 所列。

表 8-2　被格式化的镜像日志目录

目　录	说　明
/usr/local/hadoop/avatarshare/share0/namenode	NFS 镜像目录

（续表）

目　　录	说　　明
/usr/local/hadoop/avatarshare/share0/editlog	NFS 日志目录
/usr/local/hadoop/local/namenode	本地镜像目录
/usr/local/hadoop/local/editlog	本地日志目录

（2）在 AvatarNode 1 执行格式化命令

```
$HADOOP_HOME/bin/hadoop namenode org.apache.hadoop.hdfs.server.
namenode.AvatarNode-one -format
```

5．***启动***

（1）AvatarNode 0 以 PrimaryNameNode 启动

```
$HADOOP_HOME/bin/hadoop org.apache.hadoop.hdfs.server.namenode
.AvatarNode –zero
```

（2）AvatarNode 1 以 StandbyNameNode 启动

```
$HADOOP_HOME/bin/hadoop org.apache.hadoop.hdfs.server.namenode
.AvatarNode -one -standby -sync
```

（3）启动所有的 AvatarDataNode

```
$HADOOP_HOME/bin/hadoop org.apache.hadoop.hdfs.server.datanode
.AvatarDataNode
```

通过 Web 页面观察集群状态，图 8-24 是通过虚拟 IP（192.168.11.204）访问 AvatarNode 0 的页面。

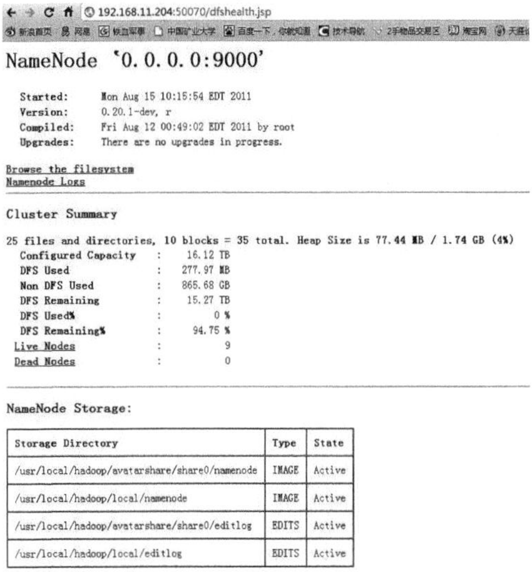

图 8-24　通过虚拟 IP 访问 PrimaryNameNode 的 Web 页面

图 8-25 是通过物理 IP（192.168.11.10）访问 AvatarNode 1 的页面。

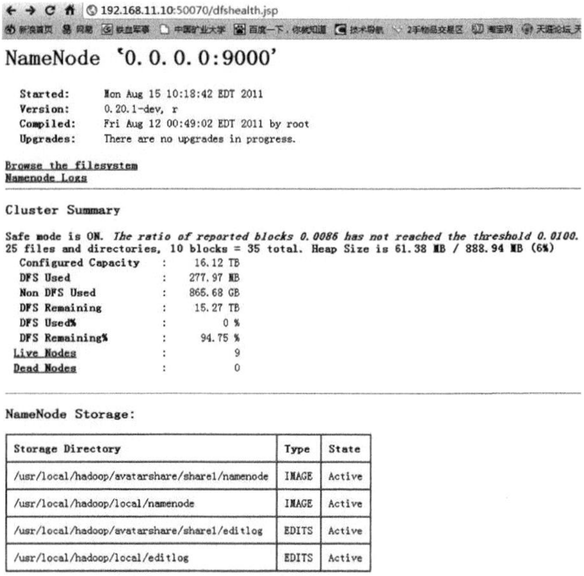

图 8-25　通过物理 IP 访问 StandbyNameNode 的 Web 页面

6. 宕机切换

若 AvatarNode 0 失效，则把 AvatarNode 1 由 Standby 切换为 Primary。

```
$HADOOP_HOME/bin/hadoop    dfsadmin -saveNamespace
$HADOOP_HOME/bin/hadoop org.apache.hadoop.hdfs.AvatarShell -setAvatar primary
```

Standby 可以切换为 Primary，但是不能切换回去，即在集群中就一直充当 Primary 直到失效，新的 AvatarNode 应以 Standby 启动，saveNameSpace 将内存里的镜像保存到磁盘里供 Standby 启动时读取。

7. 其他节点以 StandbyNameNode 启动

当运行 StandbyNameNode 的节点被切换为 PrimaryNameNode 时，需要启动一个新的节点，并以 Standby 方式启动 NameNode 作为热备节点。

8. 其他简单操作

（1）显示 Avatar 节点信息

```
$HADOOP_HOME/bin/hadoop org.apache.hadoop.hdfs.AvatarShell -showAvatar
```

（2）创建文件夹

```
$HADOOP_HOME/bin/hadoop dfs -mkdir input
```

（3）显示文件夹内容

```
$HADOOP_HOME/bin/hadoop dfs –ls input
```

（4）从本地复制到 HDFS

```
$HADOOP_HOME/bin/hadoop dfs -copyFromLocal /home/wl826214/file0* input0
```

8.5　数据立方的工作流程及可靠性

8.5.1　数据立方的架构

数据立方是典型的 Master/Slave 架构，一个数据立方集群由一个主节点（Master 负责控制流）、多个从节点（Slave 负责数据流）和 ZooKeeper 集群组成。数据立方的可靠性主要由 ZooKeeper[2] 机制保证。数据立方包括多个 Slave 服务器群和一个或者多个 Master(采用一主多备) 服务器群构成。Master 负责管理 TableBlock 和 Slave 的映射关系。物理上，一张表被拆成多个 TableBlock，一张完整的表保存在多个 Slave 上面，如图 8-26 所示。

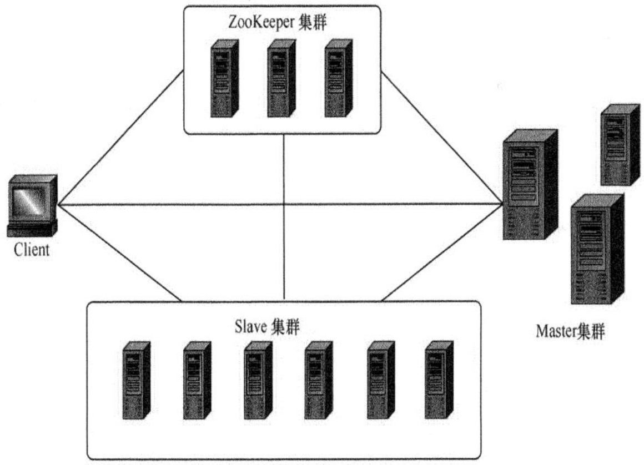

图 8-26　数据立方架构

各模块功能说明如下。

（1）ZooKeeper 集群

① 保证在任何时候，集群中只有一个主 Master。

② 存储所有 DataBlock 的寻址入口。

③ 实时监控 Slave 的状态，将 Slave 的上线和下线信息实时通知给 Master。

④ 存储数据立方的 Schema，包括有哪些表、每个表有哪些列、每个表有哪些索引表等。

（2）Master

① 为 Slave 分配 TableBlock。

② 负责 Slave 的负载均衡。

③ 发现失效的 Slave，并重新分配其上的 TableBlock。

④ HDFS 上的垃圾文件回收。

⑤ 处理 Schema 更新请求。

（3）Slave

① 维护 Master 分配给它的 TableBlock，处理对这些 TableBlock 的 I/O 请求。

② 负责切分在运行过程中变得过大的 TableBlock。

8.5.2 数据立方的工作流程

1. *启动 ZooKeeper 集群*

首先在主节点上启动 ZooKeeper 集群，ZooKeeper 负责监视和处理事件通知。

2. *启动多个 Master*

最先启动的 Master 将会在 ZooKeeper 上建立代表自己的文件，并获得该文件的独占锁，用来阻止其他 Master 成为主 Master。当主 Master 进程异常退出或者在一定时间内没有更新锁信息，该文件的独占锁就会被释放，其他备 Master 则有机会抢占该锁成为主 Master。

3. *启动各个 Slave*

Master 使用 ZooKeeper 来跟踪 Slave 状态。当某个 Slave 启动时，会首先在 ZooKeeper 上的 Server 目录下建立代表自己的文件，并获得该文件的独占锁。由于 Master 订阅了 Server 目录上的变更消息，当 Server 目录下的文件出现新增或删除操作时，Master 可以得到来自 ZooKeeper 的实时通知。因此一旦 Slave 上线，Master 就能马上得到消息。

8.5.3 数据立方的可靠性

1. *Master 的可靠性*

由于 Master 只维护表和 TableBlock 的元数据，而不参与表数据 I/O 的过程，Master 宕机仅导致所有元数据的修改被冻结：无法创建删除表，无法修改表的

Schema，无法进行 TableBlock 的负载均衡，无法处理 TableBlock 上下线，无法进行 TableBlock 的合并，表的数据读写还可以正常进行。因此，Master 下线短时间内对整个集群没有影响。从上线过程可以看到，Master 保存的信息全是可以冗余的信息（都可以从系统其他地方收集到或者处理出来），因此，一般数据立方集群中总是有一个 Master 在提供服务，还有一个以上的备用 Master 在等待时机抢占它的位置。所以，当主 Master 所在节点宕机时，会自动切换到备用 Master 所在节点。

2. Slave 的可靠性

当数据立方集群中的一个 Slave 崩溃（如 Slave 进程挂掉）时，此时该 Slave 和 ZooKeeper 集群的连接会断开，二者之间的 Session 由于有超时时间的存在而不会立即被删除，等到 Session 超时后，ZooKeeper 集群会删除该 Slave 启动时创建的临时节点。Master 订阅了该目录上的变更消息，因此，Master 可以得知该 Slave 发生故障，然后就会启动故障恢复流程。Master 恢复故障后，会将故障 Slave 所管理的 TableBlock 一个一个重新分配到集群其他 Slave 中。

参考文献

[1] 黑继伟 . 基于分布式并行文件系统 HDFS 的副本管理模型 [D]. 长春：吉林大学，2010.

[2] 刘鹏 . 实战 Hadoop：开启通向云计算的捷径 [M]. 北京：电子工业出版社，2011.

第 9 章

数据统计分析实例——供电信息采集系统

客户侧供电质量监控系统主要用于检测供电质量。大体上可以分为两个部分：电能质量和供电可靠性。其中，衡量电能质量最重要的因素是电压质量（电压合格率是指电压越上下限情况），然而反映电压质量最直接的方式便是测量电压偏差。频率、波动与闪变以及谐波也是可以反映电压质量的几个关键性测量值。本次客户侧供电质量监控系统开发计划主要是针对电压质量一个大数据量不同力度的评估。

9.1 客户需求分析

9.1.1 测试过程及数据量描述

数据库交互流程如图 9-1 所示。

① 客户侧每天定时将采集到的日电压数据信息以及最新的电压等级档案表上传至中间库，日电压数据文件为打包的 JSON 文件。

② 一体机定时从中间库中请求日电压数据信息和档案表增量信息，解析 JSON 文件得到电压数据 63 383 802 条，档案表大小为 3 525 108 条。

③ 根据档案表采集点电压等级，分别对每个采集点不同相序计算其电压合格率、最大电压、最小电压等。

④ 将计算得到的结果集上传至中间库。

⑤ 客户侧定时从中间库提取电压合格率结果集文件，并将其载入 Oracle 数据库中。

⑥ 客户侧向一体机发送请求，查询测量点电压原始数据明细。

⑦ 一体机提供 WebService 接口，客户侧可通过该接口查询测量点电压原始数据明细，通过 XML 返回给客户侧请求信息。

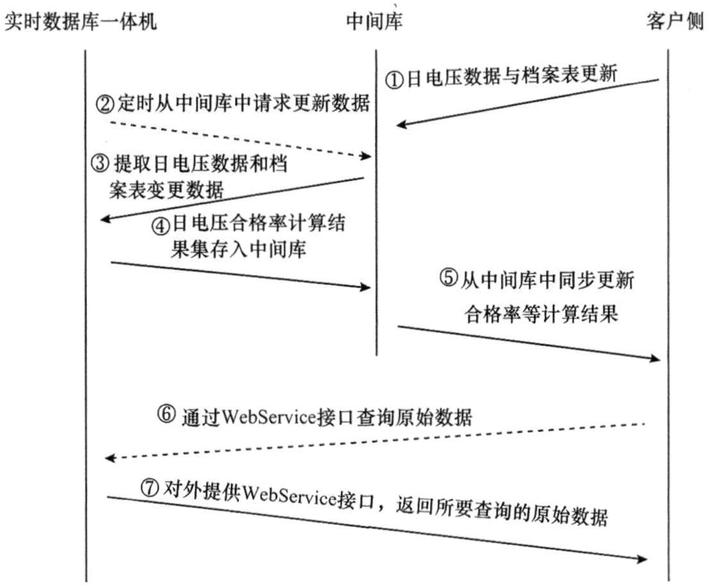

图 9-1　数据库交互流程

9.1.2　测试过程分解及效率统计

1. 数据下载解压及标记

原始数据以压缩文件的形式存放在 FTP 服务器上，通过脚本和远程命令相结合的方式，自动从远程 FTP 服务器上下载压缩文件，并解压缩，打入时间标记戳，以备之后数据解析入库使用。详细过程如图 9-2 所示。

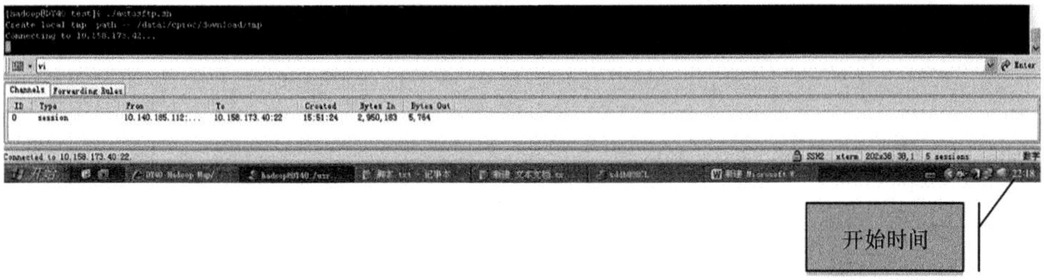

图 9-2　下载文件

开始时间为 22:18:00。

数据下载结束如图 9-3 所示。

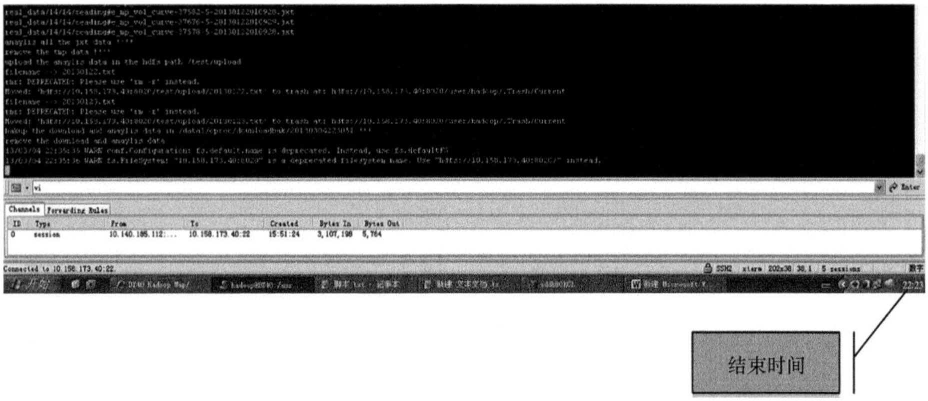

图 9-3　下载压缩文件

结束时间为 22:23:00。

耗时：5 min 0 s。

2. **数据解析入库**

原始数据采用 JSON 封装成不同的小文件，根据上一步中解压出的大量小文件合并后进行分布式解析，并完成入库操作，相关流程如图 9-4 所示。

数据开始下载。

任务从 22:35:41 开始执行，于 22:39:35 结束，总耗时 3 min 46 s。

任务的运行采用分布式多机同时处理的形式。有效地将 CPU 占用时间和磁盘 I/O 分散到不同的节点上，使得数据解析入库的速度随着机器数量的增加而提高。

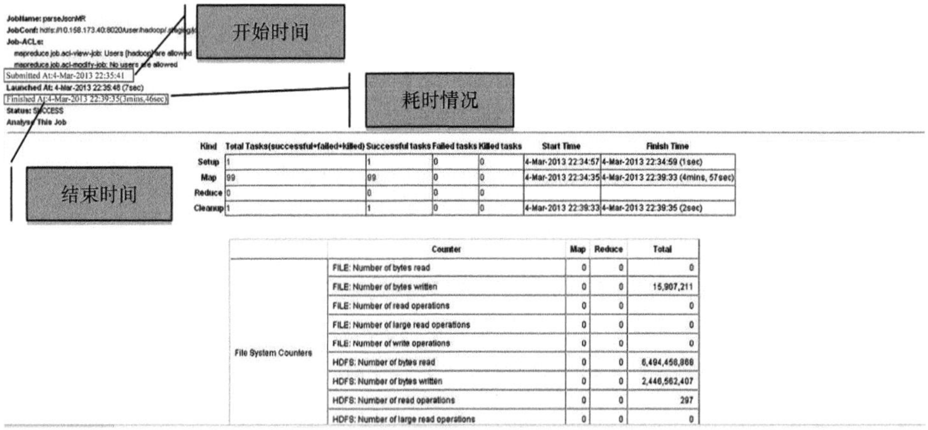

图 9-4　小文件合并后分布式解析入库

3．*数据计算流程*

① 完成正常数据的统计计算工作（所谓正常数据指的是未出现电压超标的情况，即电压在正常设定范围内），如图 9-5 所示。

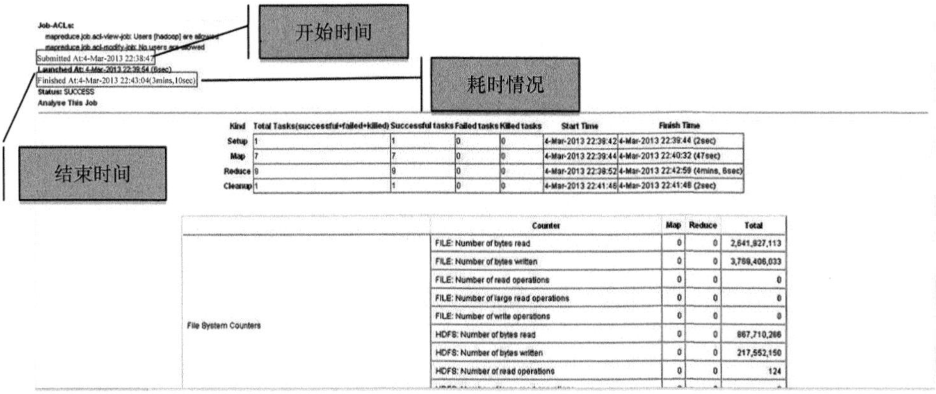

图 9-5　正常数据统计

任务从 22:39:47 开始执行，于 22:43:04 结束，总耗时 3 min 10 s。

② 完成非正常数据的统计计算工作（所谓非正常数据指出现电压超标的情况，即电压不在正常设定范围内），如图 9-6 所示。

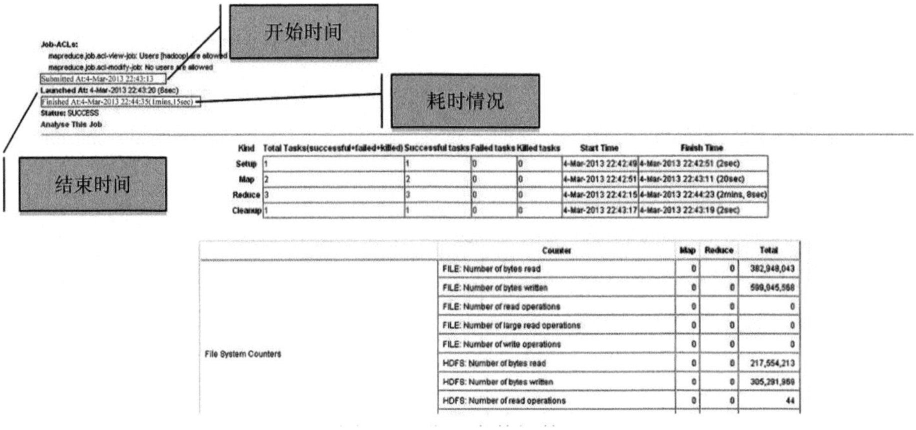

图 9-6　非正常数据统计

任务从 22:43:13 开始执行，于 22:44:35 结束，总耗时 1 min 15 s。

4．*数据导入 Oracle 数据库*

最终将数据导入 Oracle 中间库当中，提供其他平台的数据查询业务过程如图 9-7 和图 9-8 所示。

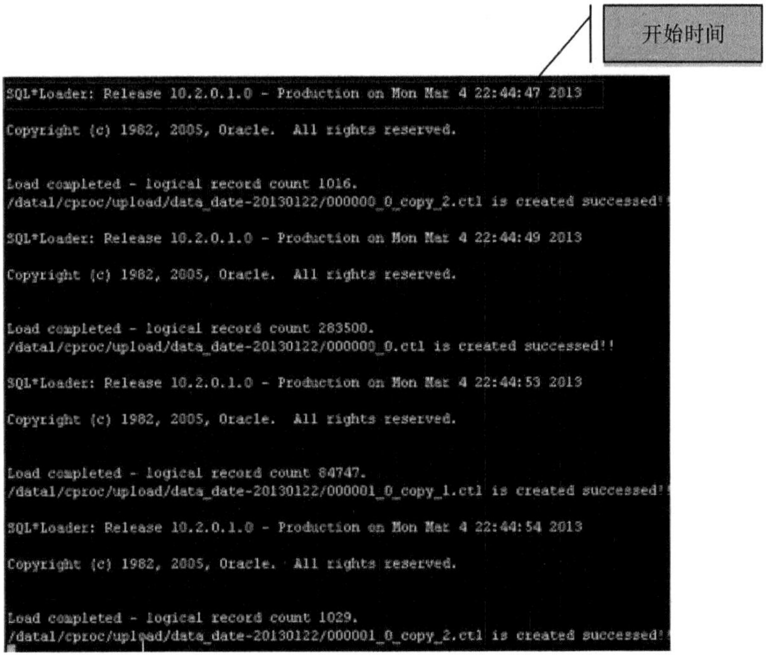

图 9-7　开始导入

开始时间为 22:44:47。

图 9-8　结束导入

结束时间为 22:45:26。

耗时：39 s。

5．查询总时长统计

查 询 总 耗 时：5 min 0 s + 3 min 46 s+3 min 10 s+1 min 15 s+39 s= 13 min 50 s。

9.2　数据表设计

源数据表及字段信息见表 9-1 所列。

表 9-1　瞬时电压

数据项	单位	说明
电能表编号		和营销系统档案一致
监测时间		格式 YYMMDDHHMMSS
A 相电压	V	
B 相电压	V	
C 相电压	V	
A 相电压状态		TRUE/FALSE
B 相电压状态		TRUE/FALSE
C 相电压状态		TRUE/FALSE

统计结果表及字段信息见表 9-2 所列。

表 9-2　日电压合格率

数据项	单位	说明
电能表编号		和营销系统档案一致
监测时间		格式 YYMMDD
A 相监测总时间	min	
A 相监测偏上时间	min	
A 相监测偏下时间	min	
A 相合格率	%	
A 相偏上不合格率	%	
A 相偏下不合格率	%	
A 相电压最大值	V	

（续表）

数据项	单位	说明
A 相电压最大值发生时间		满足 YYMMDDHHMM 的时间格式
A 相电压最小值	V	
A 相电压最小值发生时间		满足 YYMMDDHHMM 的时间格式
A 相平均电压	V	
B 相监测总时间	min	
B 相监测偏上时间	min	
B 相监测偏下时间	min	
B 相合格率	%	
B 相偏上不合格率	%	
B 相偏下不合格率	%	
B 相电压最大值	V	
B 相电压最大值发生时间		满足 YYMMDDHHMM 的时间格式
B 相电压最小值	V	
B 相电压最小值发生时间		满足 YYMMDDHHMM 的时间格式
B 相平均电压	V	
C 相监测总时间	min	
C 相监测偏上时间	min	
C 相监测偏下时间	min	
C 相合格率	%	
C 相偏上不合格率	%	
C 相偏下不合格率	%	
C 相电压最大值	V	
C 相电压最大值发生时间		满足 YYMMDDHHMM 的时间格式
C 相电压最小值	V	
C 相电压最小值发生时间		满足 YYMMDDHHMM 的时间格式
C 相平均电压	V	

数据库详细设计如下。

（1）瞬时电压变

```
create table UV (
        TEM_ID String,
        DATE_TIME String,
```

```
            UA double,
            UB double,
            UC double,
            UA_STATUS boolean,
            UB_STATUS boolean,
            UC_STATUS boolean
        );
```

（2）日电压合格率

```
create table DAY_UV_CON (
            TEM_ID String,
            DATE_TIME String,
            DATE_A int
            DATE_A_UPint,
            DATE_A_DOWN int,
            UA_PASS_PER double,
            UA_UP_NOT_PASS_PER double,
            UA_DOWN_NOT_PASS_PER double,
        UA_MAX double,
                    UA_MAX_DATE String,
                    UA_MIN double,
                    UA_MIN_DATE String,
                    UA_AVG double,
DATE_B int
DATE_B_UP int,
DATE_B_DOWN int,
UB_PBSS_PER double,
UB_UP_NOT_PBSS_PER double,
UB_DOWN_NOT_PBSS_PER double,
UB_MBX double,
                    UB_MBX_DATE String,
                    UB_MIN double,
                    UB_MIN_DATE String,
                    UB_BVG double,
DATE_C int
DATE_C_UP int,
DATE_C_DOWN int,
UC_PBSS_PER double,
```

```
UC_UP_NOT_PBSS_PER double,
UC_DOWN_NOT_PBSS_PER double,
                 UC_MBX double,
                   UC_MBX_DATE String,
                   UC_MIN double,
                   UC_MIN_DATE String,
                   UC_BVG double,
     );
```

9.3 查询语句设计与结果展现

查询语句设计与结果展现如图 9-9 所示。

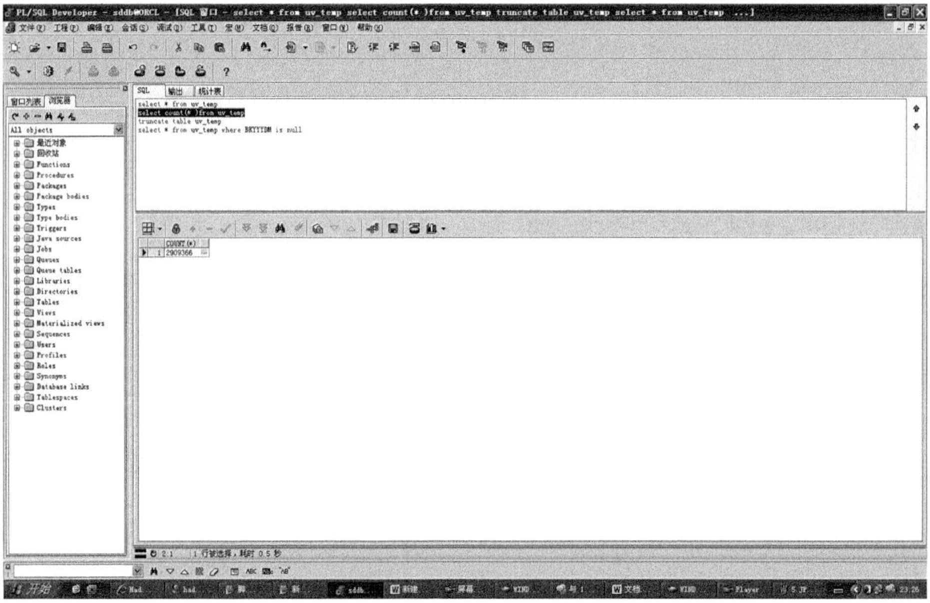

图 9-9 查询数据总量

数据总量为 2 909 366(条)。

详细数据记录如图 9-10 所示。

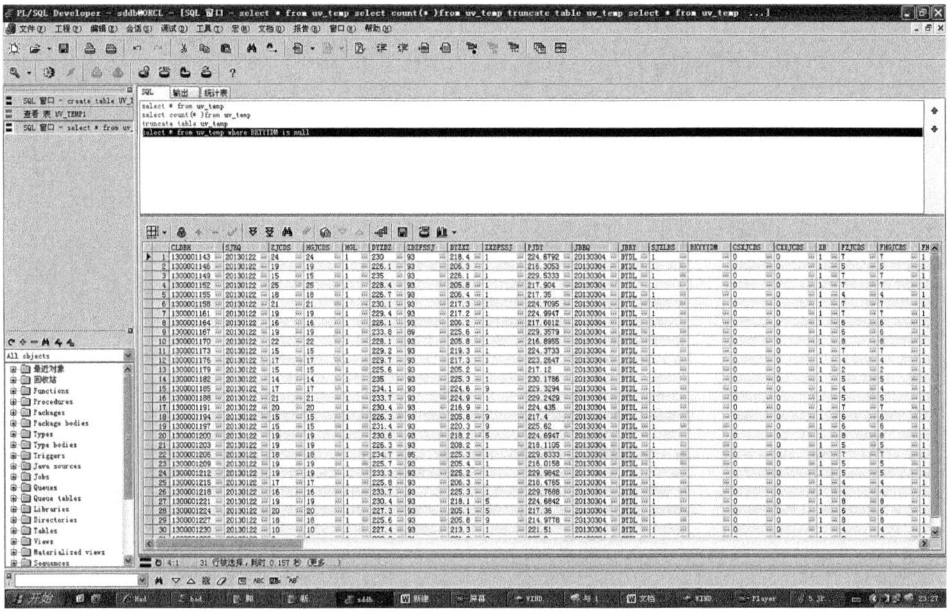

图 9-10　查询详细数据记录

9.4　查询优化

为了提升系统的整体性能，还需要对系统进化优化。这里主要从存储和计算这两个方面介绍本系统的优化工作。

9.4.1　存储方面的优化

存储方面的优化是指充分利用硬件条件，采用一些存储策略，以减少在线工作在数据存取方面所花费的时间，从而缩短整个查询过程的总耗时。

本系统针对存储方面的优化工作主要包括以下两个方面。

① 将索引文件（INDEX_FILE）中的内容全部以 Hash 表的结构存储在内存中。

② 采用 Cache 策略，在内存中设置几个 Cache 块，将常用的几个子表文件直接保留在这些 Cache 块中。

9.4.2 内存方面的优化

数据立方上 DServer 的内存分为两个部分：一部分作为 MemStore，主要用来写；另外一部分作为 BlockCache，主要用于读。

写请求会先写入 MemStore，DServer 会给每个 Region 提供一个 MemStore，当 MemStore 满 64 MB 以后，会启动 Flush 刷新到磁盘。当 MemStore 的总大小超过限制时，会强行启动 Flush 进程，从最大的 MemStore 开始 Flush 直到低于限制。

读请求先到 MemStore 中查数据，查不到就到 BlockCache 中查，再查不到就会到磁盘上读，并把读的结果放入 BlockCache。由于 BlockCache 采用的是 LRU 策略，因此，BlockCache 达到上限后，会启动淘汰机制，淘汰掉最老的一批数据。

一个 DServer 上有一个 BlockCache 和 N 个 MemStore，它们的大小之和不能大于等于 heapsize × 0.8，否则数据立方不能启动。默认 BlockCache 为 0.2，MemStore 为 0.4。对于注重读响应时间的系统，可以将 BlockCache 设置较大些，比如设置 BlockCache 为 0.4，MemStore 为 0.39，以加大缓存的命中率。

9.5 性能测试结果

9.5.1 数据下载解压及标记

原始数据以压缩文件的形式存放在 FTP 服务器上，通过脚本和远程命令相结合的方式，自动从远程 FTP 服务器上下载压缩文件，并解压缩，打入时间标记戳，以备之后数据解析入库使用。详细过程如图 9-11 和图 9-12 所示。

开始时间为 22:18:00。

结束时间为 22:23:00。

耗时：5 min。

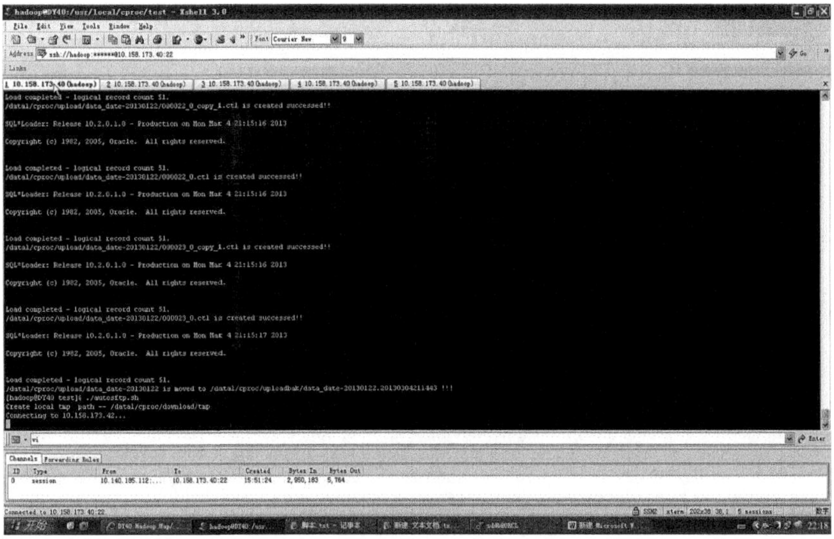

图 9-11　数据开始下载

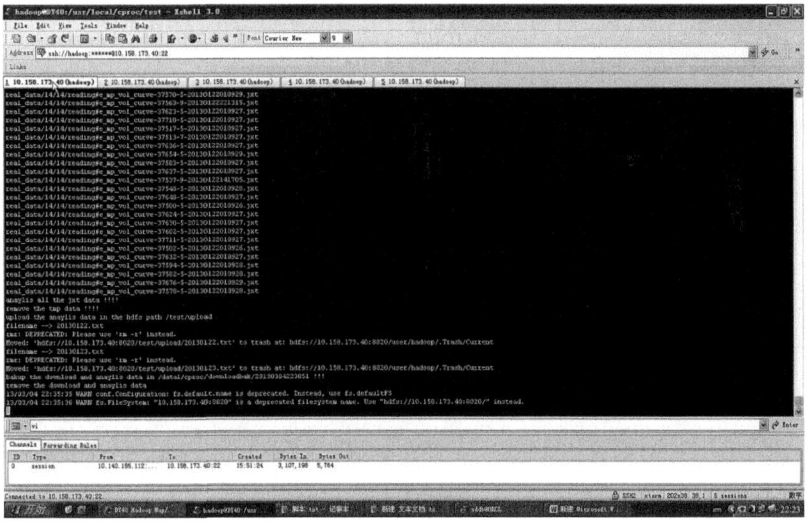

图 9-12　数据结束下载

9.5.2 数据解析入库

原始数据采用 JSON 封装成不同的小文件，根据上一步中解压出的大量小文件，通过合并后进行分布式解析并完成入库操作，相关流程如图 9-13 所示。

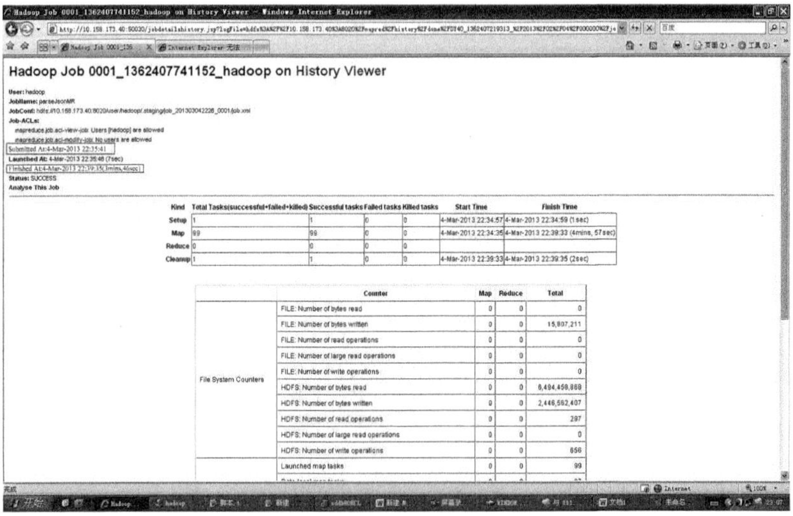

图 9-13　小文件合并入库

数据开始解析，耗时：3 min 46 s。

9.5.3　数据计算流程

① 流程 1 如图 9-14 所示。

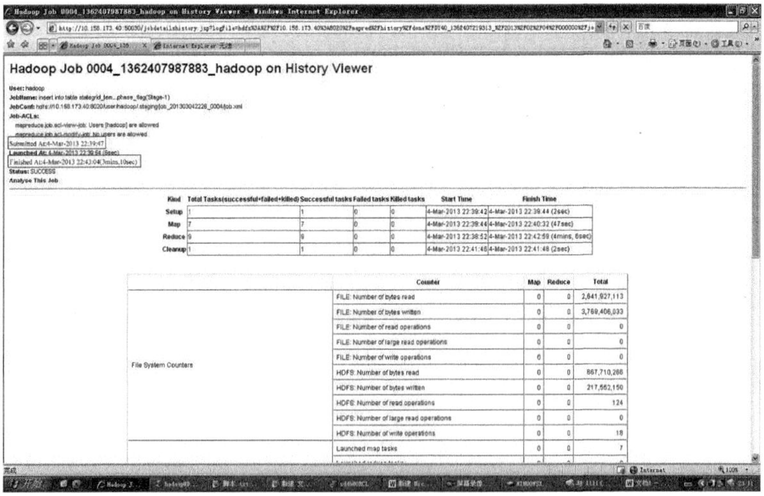

图 9-14　流程 1

耗时：3 min 10 s。

② 流程 2 如图 9-15 所示。

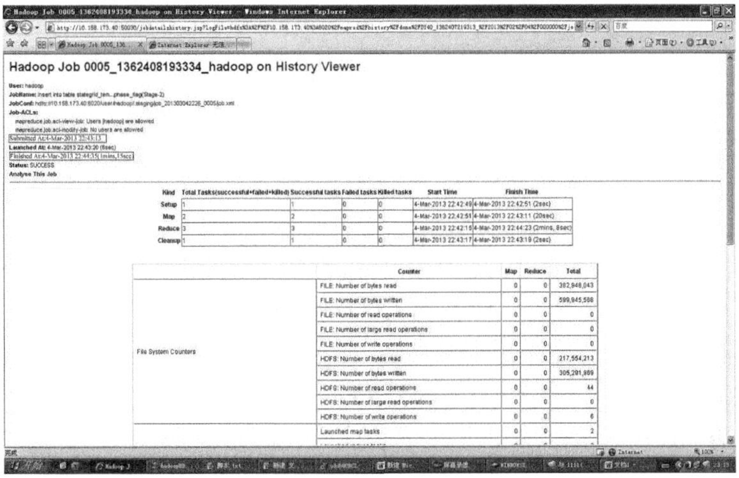

图 9-15　流程 2

耗时：1 min 15 s。

9.5.4　数据导入 Oracle 数据库

将一体机中存放处理好的数据结果一并插入 Oracle 数据中，如图 9-16 和图 9-17 所示。

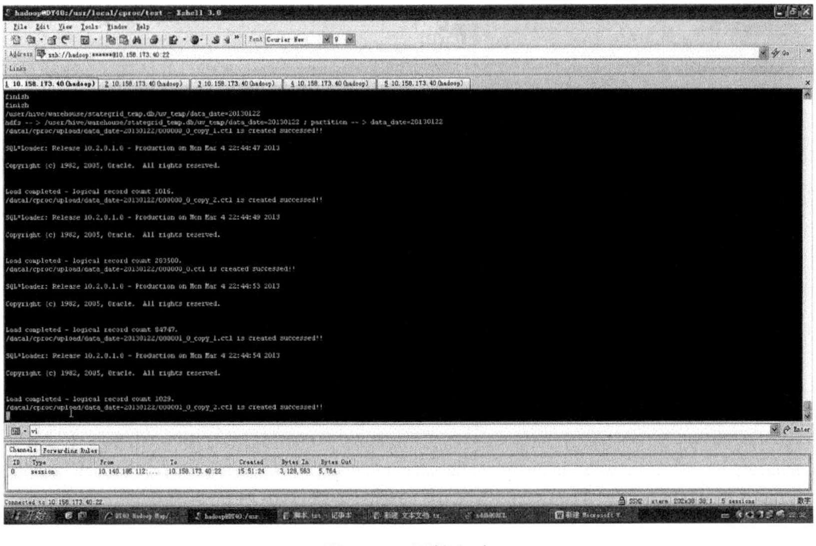

图 9-16　开始入库

开始时间为 22:44:47。

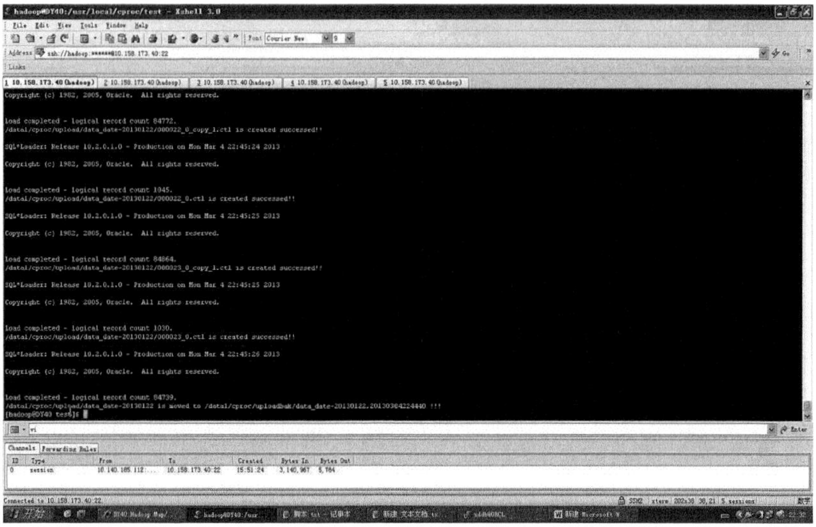

图 9-17　结束入库

结束时间为 22:45:26。

耗时：39 s。

9.5.5　查询总时长统计

查询总耗时：5 min 0 s + 3 min 46 s+3 min 10 s+1 min 15 s+39 s= 13 min 50 s。

第 10 章

在线数据检索实例——移动信令分析云平台

移动网络信令包括主被叫号码、通话起始时间、终止时间、通话时长、所用基站 ID 等控制信息。通过对移动网络信令的检测，可以查询通话记录，分析移动网络性能并对网络故障进行准确定位。

截至 2011 年第二季度，全国手机用户量已达到 9.6 亿，并且随着 3G 网络的推广，手机用户量还在不断攀升。与此同时，手机网络每天产生的移动信令数据量也在上升。据调查，目前每天仅话音业务产生的信令数据量就高达几百 TB，每月产生的信令数据量高达数 PB。想从这么大量的数据中查找所需要的信息，会是一件非常困难的事。如此海量的数据难以存储在集中式的数据存储系统（如磁盘阵列）和常规的关系型数据库中，更难以得到有效处理。

|10.1 需求分析|

通话数据记录是以原始信令的形式产生和保存的。系统会对原始信令数据进行解码并合成一个通话详细记录，我们称之为 CDR。云计算平台利用众多 x86 架构计算机，建立具有良好可靠性和可扩展性的分布式云计算平台，能够对高达 PB 级的信令数据进行实时监测处理，提供 CDR 实时查询分析等多种业务支持，图 10-1 是 CDR 信令数据监测系统中信令采集和查询系统的框架。

如图 10-1 所示，原始信令数据源源不断地从信令采集系统中采集出来，然后将这些原始信令数据经过 CDR 合成系统处理，生成 CDR 数据记录。合成的 CDR 数据记录以接近于文本数据的形式表示，每个记录中包含数十个数据字段，如主叫号码、被叫号码、通话起始时间、终止时间、通话时长、所用基站 ID 等信息。CDR 数据通常以 1 min 为单位保存在一个 CDR 数据文件中。因此，每分钟都会有 CDR 数据文件产生，而根据信令数据流量的不同，每分钟的 CDR 数据文件中可包含数十至上百万的 CDR 数据记录。

为了能对这些 CDR 数据记录进行查询，需要将其转换为便于查询的结构化形式。现有很多传统解决方案中，这些 CDR 数据记录存放在关系数据库中。但是由于信令数据急剧增长，传统的关系数据库已经越来越无法应对大量 CDR 数据的存储和查询处理了。

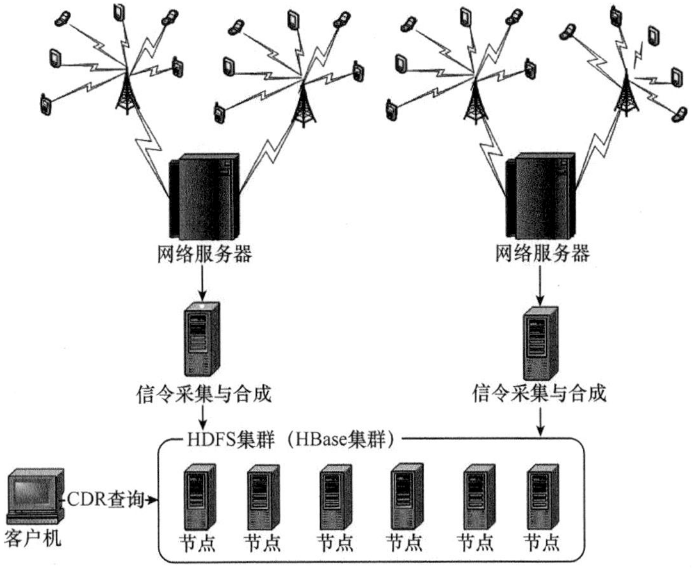

图 10-1　移动网络信令监测和查询系统框架

云计算平台能提供一个良好的解决方案。本例的解决方案是：将 CDR 数据文件存储在 HDFS 中，同时为了提供快速查询处理能力，将针对 CDR 数据记录建立查询索引，并将这些查询索引存放在数据立方中。

为此，对来自采集和合成系统、每分钟源源不断产生的 CDR 数据文件，需要实时地检查这些数据文件，并及时进行索引创建处理。由于信令数据流量巨大，需要使用多台服务器进行并行处理，这样就需要一个管理者来扫描检查新生成的 CDR 数据文件，并将不同的 CDR 数据文件的索引创建任务分配给不同节点去处理。因此，需要考虑在计算集群上进行并行化任务调度和负载均衡处理，来完成以上的查询索引处理任务。

10.2　数据表设计

在具体的设计上，整体方案可以分为两大部分。

第一部分是 CDR 数据文件的读取和基于数据立方的查询索引创建。在此过程中，需要设置一个主节点用于检测 HDFS 中新的 CDR 数据文件，然后，该主节点将把检测到的 CDR 数据文件分发给不同的子节点完成查询索引创建，并将每条 CDR 记录对应的索引数据插入数据立方中。为了防止主节点单节点失效并处理好负载均衡，使用 ZooKeeper 来管理整个计算集群。

第二部分是基于数据立方的查询索引，接收并处理用户的 CDR 查询请求，到数据立方中完成具体的查询处理，在获得结果 CDR 数据记录查询列表后，再到存储在 HDFS 的 CDR 数据文件中读出详细的 CDR 数据记录，并逐一返回给客户端。

图 10-2 展示了以上的 CDR 数据查询处理流程。

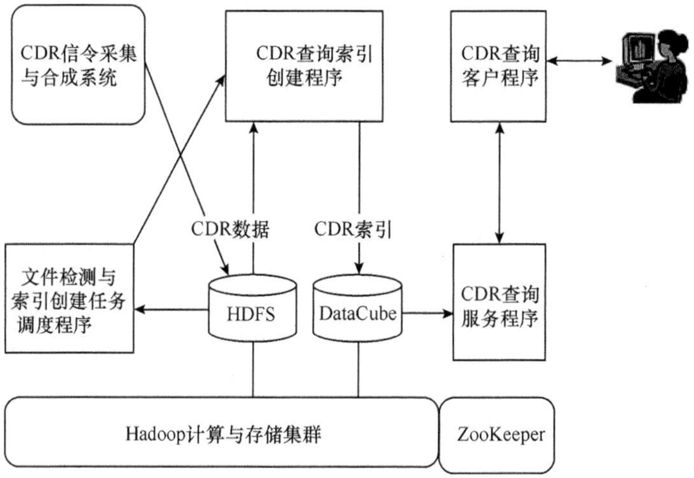

图 10-2　CDR 索引创建于查询系统框架

10.2.1　CDR 数据文件的检测与索引创建任务调度

CDR 的数据以文件的形式组织，现阶段的处理是直接将数据以二进制的形式存放到文件里，不包含任何的冗余数据。后续的查询将通过文件名和偏移量来获取数据。由于 CDR 数据每时每刻都在产生，必须实时地扫描系统中新的 CDR 文件，然后将 CDR 数据文件分配到不同的索引创建节点。为了实现系统的负载均衡和单点容错，将 CDR 文件扫描服务和索引创建服务分布在不同的节点上，这样就需要一个管理者来管理这些集群，这时 ZooKeeper 就派上了用场。

基于计算集群，用 ZooKeeper 完成统一控制的基本设计和实现方法是：将计算集群中所有的节点都纳入 ZooKeeper 的管理，选择其中两个计算节点注册为 ZooKeeper 的 Master 服务节点（负责新的 CDR 数据文件的扫描和索引创建任务的调度分发），ZooKeeper 将自动在两个服务器节点中选举一个主服务器节点。当主服务器节点出现故障时，ZooKeeper 能自动地将剩下的一个服务器节点提升为主服务器节点来接管失效的主服务器，以保证并行计算任务的分发和调度处理不会出现单点失效。

主服务器在 ZooKeeper 所维护的当前有效子节点中挑选一个空闲的节点，并把一个索引创建任务分发给该节点；当多个索引创建任务到达时，主节点能有效地将计算任务分发给不同的计算节点，实现并行计算任务在整个集群节点上的负载均衡。

本设计在 ZooKeeper 中的目录结构如图 10-3 所示。

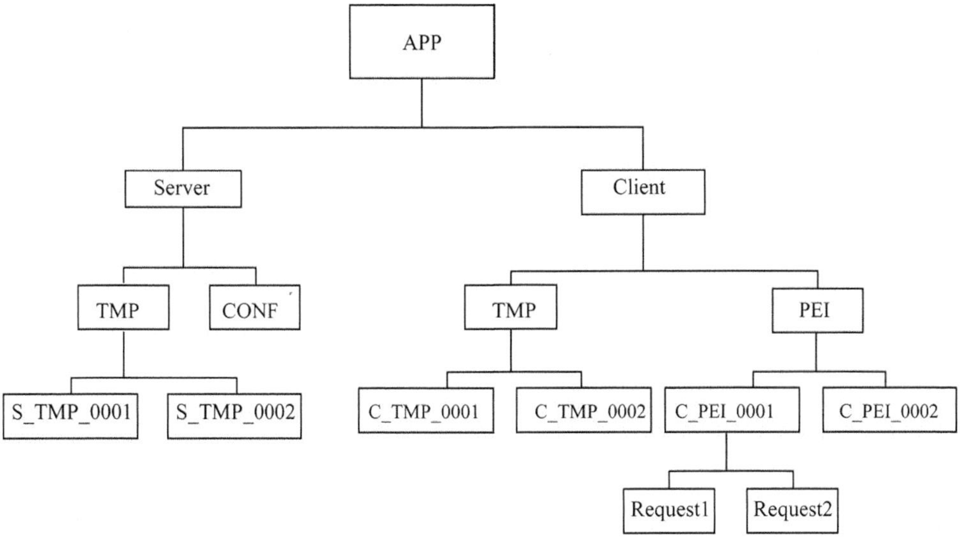

图 10-3　ZooKeeper 的目录结构

① /APP：应用。

② /APP/Server：这个应用下的 Server 相关数据。

③ /APP/Server/TMP：每个 Server 均要在该目录下建立临时节点，以便表示自己的状态；该 TMP 目录保存 IP 地址，以便查询。

④ /APP/Server/CONF：运行状态下的 Server 将自己的一些属性保存在这里，以便宕机后，其他接替它的 Server 能够集成它的状态继续运行，以此实现服务器的单点故障恢复。

⑤ /APP/Client：这个应用下的 Client 相关数据。

⑥ /APP/Client/TMP：每个 Client 均要在该目录下建立临时节点，以便表

示自己的状态；该 TMP 目录保存该 Client 的永久性目录，即 /APP/Client/PEI/C_PEI_XXXX。

⑦ /APP/Client/PEI：每个 Client 均要在该目录下建立永久节点，以便与 Server 交互。

10.2.2 从 HDFS 读取数据并创建索引

为了创建查询索引，将需要读取存储在 HDFS 中的 CDR 数据文件，并对文件中的每个 CDR 数据记录逐行扫描，提取出需要建立索引的常用字段，并导入数据立方中。

（1）对 CDR 数据逐行扫描

每当子节点接收到一个 CDR 数据文件索引创建任务时，程序就会新建一个数据流，将从 HDFS 中读取的 CDR 文件数据读入内存中，同时在程序中记录下该文件的名称（设为 fileName）。通过调用接口 RequestParse，将文件名、字段所在文件的偏移量、文件数据流、CDR 大小的内容传递给 ParseAndInsert 方法，通过 ParseAndInsert 可以对数据进行处理。

（2）对常用字段建表

通过接口 ParseAndInsert，对提取出来的 CDR 数据记录进行逐行扫描，将从 HDFS 中指定 fileName 文件中读取的 CDR 数据记录读入内存中。CDR 数据记录中有些字段对查找处理不起作用，因此，仅需将常用索引字段提取出来，并添加到 putDataList 列表中。

（3）建立索引表

每条 CDR 数据记录有几十个字段，而其中用于查询的字段只有几个，因此，只需要根据这几个字段在数据立方中建立几张索引表。以按被叫电话号码建立索引表为例。在索引 ConstructCalledNumIndexItem 中，每个索引字段是“号码 + 呼叫起始时间 +CDR_Index”。

10.2.3 查询 CDR 信息

在数据立方里，一张表的索引按照字节序顺序排序。

这里对索引表的设计如下。

索引是查询的字段。一个列簇：Offset 是 CDR 记录在 CDR 数据文件中的位置，即文件名加偏移量。这里的列设置为空，以便减小数据量，提高插入速度。

查询思路如下。

① 对于指定查询条件，拼接成合理的查询字节序（与索引），通过数据立方的 API 能够直接定位到该索引或者该索引的上一个索引，这样就快速定位到满足条件的 CDR 索引数据。

② 读取后续的数据，读取满足条件的 CDR 位置信息，当发现索引不满足条件时，则查询索引完毕。

③ 根据所获得的所有满足条件的 CDR 位置信息集合，从 HDFS 上相应的 CDR 文件中读取出所有的 CDR 数据记录。

相关 API 如下：

```
public Result getRowOrBefore(String number，Stringstart Time，String endTime) throws IOException
```

作用是返回与 Row 精确匹配的结果或表里比该 Row 小的最大值。

参数：Row 是一个行的索引，Family 是结果集里面包含的列簇。

返回值：返回结果集，该结果集包含索引以及指定的列簇。

10.3　查询语句设计与结果展现

本例的开发和运行环境主要使用了 HDFS、数据立方以及 ZooKeeper。HDFS 用于存储原始 CDR 数据，数据立方用于存储查询索引，ZooKeeper 用于管理集群、调度索引创建任务。程序开发环境是 Eclipse，开发语言是 Java。

10.3.1　CDR 文件检测和索引创建任务调度程序

主节点服务器负责 CDR 文件检测和索引创建任务调度，其主要处理功能以下几个方面。

① 检测是否产生新的 CDR 文件。

② 将新 CDR 的文件名整合成索引创建请求，分发给子节点处理。

③ 如果子节点失效，则将子节点上的索引创建请求转移到其他子节点上。

主节点服务程序部分的核心代码如下。

实现功能如下。

① 某个时刻，只有一个服务程序提供服务。

② 解决单点故障。

```
void getLock() throws KeeperException, InterruptedException{
  List<String> list = zk.getChildren(serverTmp, false);
```

```
    String[] nodes = list.toArray(new String[list.size()]);
    Arrays.sort(nodes);
    if(myZnode.equals(serverTmp+"/"+nodes[0])){
        active = true;
        if(!start)
        getAttribute();
      }
        doAction();
      }
    else{
        waitForLock(nodes[0]);
        }
  }
  void waitForLock(String lower) throws InterruptedException, KeeperException {
    Stat stat = zk.exists(serverTmp + "/" + lower,true);
    if(stat != null){
    waitEvent();
    }
    getLock();
    }
  synchronized public void process(WatchedEvent event) {
    synchronized (mutex) {
      mutex.notify();
      }
    }
    public void waitEvent( ) {
      synchronized (mutex) {
      try {
          mutex.wait();
        } catch (InterruptedException e) {
          e.printStackTrace();
        }
    }
```

通过 ZooKeeper 解决了主节点的单点故障问题：如果正在扫描的主服务器节点失效了，则其他备用主节点接替它的工作，继续扫描新文件；如果某一个主节点失效了，则 /APP/Server/TMP 下面的文件目录将变化，正在监视该目录的各个备用主节点将收到一个事件请求，然后重新选取新的主节点；没有被选上的备用主节点继续等待新事件的到来。

子节点部分监测处理请求的核心代码如下。

实现功能如下。

① 基于 ZooKeeper 检测请求是否到来。

② 检测本次请求是否为合理的请求。

```
public void check() throws InterruptedException, KeeperException {
myContentNode = zk.create(clientPeiPath+"/" ,IP.getIP().getBytes(), ZooDefs.Ids. OPEN_ACL_UNSAFE,
CreateMode. PERSISTENT_SEQUENTIAL);
myZnode = zk.create(clientTmpPath + "/" , myContentNode.getBytes(), ZooDefs.Ids.OPEN_ACL_UNSAFE,
CreateMode.EPHEMERAL_SEQUENTIAL);
// 监控请求是否到来
checkRequestComing(myContentNode);
}
void checkRequestComing(String myContentNode)
{
  while(true)
{
  List<String> orglist = null;
try{
      // 开始监控相应的 C _PEI_XXX 目录；
orglist = zk.getChildren(myContentNode, true);
  } catch (KeeperException e) {
        e.printStackTrace();
        } catch (InterruptedException e) {
          e.printStackTrace();
  }
        List<String> list = new ArrayList<String>();
          boolean clearFailFileTag = true;
          for(int i = 0 ; i < orglist.size() ; i++)
          {
          int number = Integer.parseInt(orglist.get(i));
// 负数代表 1. 其他 Client 节点失败后，转移到本节点的内容
// 2. 相同的一个请求，因为 Master 切换，导致连续发送了 2 次，
//   第二次以负数的形式发送，直接忽略；
  if(number < 0 )
```

```
            {
                clearFailFileTag = false;
            }
    if(number < 0 && ! checkIsContain(failFileName,number))
        {
            if(Math.abs(number)   == lastEnd)
        {
//需要清除 node，还需要清除 client 目录，这里省略
          System.out.println("第二种情况出现，忽略该节点" + number);
          RequestIsOver(myContentNode+"/"+number);
        }
        else
        {
          failFileName.add(number);
          list.add(orglist.get(i));
        }
    }
      if( number > lastEnd && number > 0)
    {
      list.add(orglist.get(i));
    }
      if(maxNumber < number )
      {
       maxNumber = number;
      }
    }
    lastEnd= maxNumber;

    if(clearFailFileTag)
       {
          failFileName.clear();
       }

String[] nodes = list.toArray(new String[list.size()]);
       for(int i = 0 ; i < nodes.length ; i++)
          {
```

```
            byte[] data = null;
    try {
            data = zk.getData(myContentNode+"/"+nodes[i], null, null);
          } catch (KeeperException e) {
            e.printStackTrace();
          } catch (InterruptedException e) {
          e.printStackTrace();
      }
doAction(Bytes.toString(data),myContentNode+"/"+nodes[i]);
      }
      this.waitEvent();
      }
  }
synchronized public void process(WatchedEvent event) {
      synchronized (mutex) {
          mutex.notify();
          }
      }
      public void waitEvent( ) {
          synchronized (mutex) {
              try {
                      mutex.wait();
                  } catch (InterruptedException e) {
                      e.printStackTrace();
                  }
          }
```

10.3.2　读取 CDR 数据和索引创建处理

对接收的索引创建任务请求，子节点读取 HDFS 的 CDR 数据，具体代码如下。

实现功能如下。

① 读取 HDFS 文件。

② 处理 HDFS 文件里的数据，并插入数据立方索引表中。

```
public class ParseDataInto    implements ParseData{
......
```

```
public ParseDataInto(DaoImp ldao ,String fsURL)// 初始化连接到 HDFS
{
  Configuration fsConf = new Configuration();
  fsConf.set("fs.default.name", fsURL);
  try {
     fs = FileSystem.get(fsConf);
  } catch (IOException e1) {
     e1.printStackTrace();
  }
}.......
private boolean InserCDRIntoDataCube()
{
    FSDataInputStream hdfsInStream = null;
    try{
    if(!fs.exists(new Path(fileName)))
  {
     System.out.println( fileName + " is not exists in the HDFS,please check ");
     fs.close();
     return false;
  }
    System.out.println(fileName);
    hdfsInStream = fs.open(new Path(fileName));
    int i = - 1;
  while(true)
  {
     if(hdfsInStream.available() > 0){
         i++;
          parse.ParseAndInsert(fileNameID,i*cdrSize,hdfsInStream,cdrSize);
         if( i% 10000 == 0)
         parse.Commit();
         else   break;
  }
    parse.Commit();
    hdfsInStream.close();
    return true;
  }
```

```
        catch(Exception e )
        {
         e.printStackTrace();
         return false;
        }
      }
   }
```

对 CDR 数据扫描并创建索引的核心代码如下。

实现功能：生成索引数据，并插入数据立方里。

说明：索引表为数据立方 _bssap_cdr_CalledIndex。

该表的每行包含如下数据。

① 索引：格式为 called_number（8 B）+ start_time_s（4 B）+ cdr_index（4 B）。

② 列族：Offset，列族里包含一列（该列未命名），格式为文件名 ID（8 B）+ 数据在文件里的偏移量（8 B）。

```
public class BSSAPRequestParse implements RequestParse {


List<Put> putCalledIndexItemList = new ArrayList<Put>();
byte[] keyFamily = new String("key").getBytes();
byte[] findFamily = new String("Find").getBytes();
byte[] offsetFamily = new String("Offset").getBytes();
String calledIndexTableName = new String(" 数据立方 _bssap_cdr_CalledIndex");
HTable hBSSAPtableCalledIndex = null;// 存储被叫索引表
byte[] rowid = new byte[8];
byte[] start_time_s = new byte[4];// 存储常用字段
byte[] start_time_ns = new byte[4];
byte[] end_time_s = new byte[4];// 存储常用字段
byte[] end_time_ns = new byte[4];
byte[] cdr_index = new byte[4];
byte[] cdr_type = new byte[1];// 存储常用字段
byte[] cdr_result = new byte[1];// 存储常用字段
......
public BSSAPRequestParse( 数据立方 DaoImp ldao) throws IOException {// 初始化连接数据立方
      dao = ldao;
      this.hBSSAPtable = dao.getDataCubeTable(this.tableName);
      this.hBSSAPtableCalledIndex = dao.getDataCubeTable(this.calledIndexTableName);
}
```

```
public boolean ParseAndInsert(long fileNameID, long fileOffset,
    FSDataInputStream fs, int singleCdrSize) // 对常用字段逐行扫描
{
    try {
// 索引由文件名 ID( 8 Byte ) 偏移量 ( 8 Byte ) 组成
     int 索引 Length = 8 + 8;
     byte[] 索引 = new byte[ 索引 Length];
     int i = 0;
     for (i = 0; i < 8; i++) {
     索引 [i] = (byte) ((fileNameID >> (7 - i) * 8) & 0xFF);
  }
    for (i = 0; i < 8; i++) {
        索引 [8 + i] = (byte) ((fileOffset >> (7 - i) * 8) & 0xFF);
        }
        Put p = new Put( 索引 );
        fs.read(this.start_time_s, 0, 4);// 常用字段
        fs.read(this.start_time_ns, 0, 4);
        fs.read(this.end_time_s, 0, 4);// 常用字段
        fs.read(this.end_time_ns, 0, 4);
        fs.read(this.cdr_index, 0, 4);
        fs.read(this.cdr_type, 0, 1);// 常用字段
        fs.read(this.cdr_result, 0, 1);// 常用字段
//****** 扫描常用字段，这里省略。
        EncodeCdrForMajorTable();
        p.add(this.keyFamily, null, encodedRecord);
        this.putDataList.add(p);
        ConstructCalledNumIndexItem( 索引 );
     } catch (Exception e) {
          e.printStackTrace();
     }
     return true;
}

// 数据插入被叫号码索引表
private void ConstructCalledNumIndexItem(byte[] 索引 ) //
{
     int i = 0;
```

```
        for (i = 0; i < 8; i++) {
            if (called_number[i] != 0) {
                break;
            }
        }
        if (8 == i) {
            return;
        }
        byte[] calledNumTime = new byte[16];
        System.arraycopy(called_number, 0, calledNumTime, 0, 8);
        System.arraycopy(start_time_s, 0, calledNumTime, 8, 4);
        System.arraycopy(cdr_index, 0, calledNumTime, 12, 4);
        Put p = new Put(calledNumTime);
        p.add(offsetFamily, null, 索引 );
        putCalledIndexItemList.add(p);
    }
    //数据提交
    public void Commit() {
        try {
            ......
            if (this.putCalledIndexItemList.isEmpty() == false) {
              this.hBSSAPtableCalledIndex.put(this.putCalledIndexItemList);
              this.putCalledIndexItemList.clear();
              this.hBSSAPtableCalledIndex.flushCommits();
            }
        } catch (Exception e) {
            e.printStackTrace();
        }
    }
```

10.3.3 CDR 查询

CDR 查询的主要代码如下。

实现功能：查询数据立方里的索引表。

① 通过 Combine 索引（byteArrays）将号码和时间转化为与索引表索引格式相同的字节序。通过 GetTheScanFromTheFirstRow（Begin 索引，Table）找

到索引与该字节序相同的一行，如果不存在，则指向前一行。

② scan.setStartRow(Start 索引) 设置查询指向符合条件的行。

③ 向后遍历数据，如果数据不满足查询条件 (号码和时间)，则查询完毕。

④ 在下面的例子里，索引的格式是：号码 + 时间 +cdr_index。如果号码超过了，则直接退出；如果号码符合条件，则检测时间是否符合条件。

```
//开始查询
public void RunQuery()
{
int phoneNumberIndex = 0;
int timeRangeIndex = 0;
int numGetFromIndex = 1000;
for(phoneNumberIndex=0;phoneNumberIndex<numRangeList.size();
                              phoneNumberIndex++)
{
Pair<Long, Long> PhoneNumber = numRangeList.get(phoneNumberIndex);
for(timeRangeIndex=0;timeRangeIndex<timeRangeList.size(); timeRangeIndex++)
{
    Pair<Integer, Integer> timePair = timeRangeList.get(timeRangeIndex);
for(longnumber=PhoneNumber.getFirst();number<=PhoneNumber.getSecond();
number++){
        byte[][] byteArrays = new byte[2][];
        byteArrays[0] = Bytes.toBytes(number);
        byteArrays[1] = Bytes.toBytes(timePair.getFirst());
/******************** 这里是关键部分 :before*******************/
//组合合适的索引
    byte[] begin = Combine(byteArrays);
//获取数据立方里该索引，如果没有就采用排在该索引前面的索引
    byte[] start 索引 = GetTheScanFromTheFirstRow(begin 索引 ,table);
    if (scan == null) {
        scan = new Scan(start);
        }
    {
        scan.setStartRow(start);
    }
/************************ 这里是关键部分 :end*****************************/
    ResultScanner scanner;
```

```
        try {
            scanner = table.getScanner(scan);
        //查询索引表
        FilterReocordsByIndexTable(scanner,numGetFromIndex,
        PhoneNumber.getFirst(),timePair.getFirst(), timePair.getSecond(),
        cdrValList );
    } catch (IOException e) {
        e.printStackTrace();
            }
        }
    }
  }
}
//查询索引表的函数
    public void FilterReocordsByIndexTable(ResultScanner scanner, int getOnceNumber, long
startCallNumber,
    int starttime, int endtime, List<Integer> typelist)
{
    byte[] cid   = new byte[4];
    byte[] start_time = new byte[4];
    byte[] 索引 = null;
    int time = 0;
    Result[] indexResults = null;
    int i = 0;
    boolean getIndexDataOver = false;
    long findNumber = 0;
    int count = 0;
    int mscID = 0;
    List<byte[]> reslutList = new ArrayList<byte[]>();
    while (false == getIndexDataOver) {
    try{
            indexResults = scanner.next(getOnceNumber / 4);
        }catch (Exception e) {
            e.printStackTrace();
        }
    for (i = 0; i < indexResults.length && indexResults[i] != null; i++) {
```

```
                count++;
    index = indexResults[i].getRow();
         System.arraycopy(index, 0, called_number, 0, 8);
         System.arraycopy(index, 8, start_time, 0, 4);
         findNumber = Bytes.toLong(called_number, 0, 8);
         time = Bytes.toInt(start_time, 0, 4);
    // 如果号码不满足条件，则退出。
      if(findNumber > startCallNumber)
      {
         qb.ParseCDRPos(reslutList);
         reslutList.clear();
         return ;
      }
    // 如果号码和时间均满足条件，则加入结果集
    if (findNumber == startCallNumber && time >= starttime && time <= endtime ) {
         if ( CheckAttribute(index)) {
           reslutList.add(indexResults[i].getValue("Offset".getBytes(), null));
           }
           } else if (time > endtime) {
         getIndexDataOver = true;
         }
       if(reslutList.size() > 0)
         {
              qb.ParseCDRPos(reslutList);
              reslutList.clear();
         }
      }// end for
    }
         if(reslutList.size() > 0)
         {
              qb.ParseCDRPos(reslutList);
              reslutList.clear();
         }
      return ;
    }
```

查询结果如图 10-4 所示。

```
Resul.getRow: 10083
get first data  20
startTime is:  1301350311       calling number is: 0     callied number is: 10086
startTime is:  1301350323       calling number is: 0     callied number is: 10086
startTime is:  1301350325       calling number is: 15252301709        callied number is: 10086
startTime is:  1301350315       calling number is: 15962032237        callied number is: 10086
startTime is:  1301350316       calling number is: 0     callied number is: 10086
startTime is:  1301350317       calling number is: 0     callied number is: 10086
startTime is:  1301350187       calling number is: 0     callied number is: 10086
startTime is:  1301350319       calling number is: 0     callied number is: 10086
startTime is:  1301350318       calling number is: 0     callied number is: 10086
startTime is:  1301350292       calling number is: 0     callied number is: 10086
startTime is:  1301350292       calling number is: 0     callied number is: 10086
startTime is:  1301350322       calling number is: 13921921895        callied number is: 10086
startTime is:  1301350231       calling number is: 0     callied number is: 10086
startTime is:  1301350239       calling number is: 0     callied number is: 10086
startTime is:  1301350320       calling number is: 0     callied number is: 10086
startTime is:  1301350195       calling number is: 18762154575        callied number is: 10086
startTime is:  1301350195       calling number is: 18762154575        callied number is: 10086
startTime is:  1301350231       calling number is: 0     callied number is: 10086
startTime is:  1301350231       calling number is: 0     callied number is: 10086
startTime is:  1301350316       calling number is: 0     callied number is: 10086
end Time: Mon Aug 22 14:43:46 CST 2011
 the tolal number  5
 the tolal number  4
 the tolal number  3
 the tolal number  2
 the tolal number  1
 the tolal number  0
End Time: Mon Aug 22 14:45:24 CST 2011
maxNumber is 26596
Query is Completed, Mon Aug 22 14:45:24 CST 2011
write to file  is over 26596  maxNumber 26596
```

图 10-4　查询结果

10.4　查询优化

面对如此海量的实时数据，需要对系统参数做调整，数据立方采用了自动分表的策略来均匀分布数据。单个 Region 超过当前 Server 上单个 Region 的最大存储空间时，这个 Region 会被自动分裂成更小的 Region。小 Region 对分裂和合并友好，因为拆分 Region 或 Compact 小 Region 里的 StoreFile 速度很快，内存占用低。缺点是分裂和合并会很频繁，特别是数量较多的小 Region，不停地分裂、合并会导致集群响应时间波动很大，Region 数量太多会给管理上带来麻烦。大 Region 则不太适合经常分裂和合并，因为做一次 Compact 和分裂会产生较长时间的停顿，对应用的读写性能冲击非常大。此外，大 Region 意味着较大的 StoreFile，合并时对内存也是一个挑战。

当然，大 Region 也有其用武之地。如果你的应用场景中，某个时间点的访问量较低，那么在此时做合并和分裂，既能顺利完成分裂和合并，又能保证绝大多数时间平稳的读写性能。既然分裂和合并如此影响性能，那有没有办法去掉？ 合并是无法避免的，分裂倒是可以从自动调整为手动。

只要通过将这个参数值调大到某个很难达到的值，如 100 GB，就可以间接禁用自动分裂（Server 不会对未到达 100 GB 的 Region 做分裂）。再配合 Region 分裂这个工具，在需要分裂时，手动分裂。

10.5 性能测试结果

测试结果见表 10-1 所列。

表 10-1 测试结果

数据量 / 万条	号码	结果返回时间 /s	返回数据量
37 000	1385*******	0.35	33
37 000	1369*******	0.38	83
37 000	1381*******	0.27	30
37 000	1365*******	0.20	643
170 000	1399*******	0.88	149
170 000	1388*******	0.85	445
170 000	1393*******	0.92	149
170 000	1362*******	0.77	3 361

云计算平台在数据存储和计算能力上的高度可扩展性为处理超大流量的信令数据提供了理想的解决方案，使得从数百到数千 Mbit/s 流量的信令数据可以得到有效的处理。利用 x86 架构计算机建立的云计算平台对硬件要求并不高，并且根据应用需求可以通过增加节点来提高整个系统的数据存储能力和数据处理能力，具有动态可伸缩性、高度容错性。

在本例的 CDR 信令数据监测和查询应用中，整个系统将会实时检测是否有新的 CDR 文件生成，而且查询索引处理过程是分布式的。而且通过使用 ZooKeeper，管理者不必考虑系统的负载均衡和单点失效问题。

第11章

实时数据处理实例——地震数据

地震学是观测的科学，又是地球科学，更是固体地球科学的基础。云计算、大数据技术的发展，一直推动着地震观测技术的进步。在移动互联网和物联网时代，微机电传感器（MEMS）技术和互联网智能技术使地震观测设备也遵循大数据产生的规律，即从精密到简单、从笨重到智能、从昂贵到低廉、从量少到量大，这完全符合地震预警和烈度速报的应用需求，催生了密集地震观测网的产生，也将地震行业带进了大数据时代。本章将以地震大数据为例，解读如何对海量的地震数据进行实时处理，为开展地震业务应用提供服务支撑。

11.1 需求分析

“十二五”《中国地震局事业发展规划纲要》将“中国地震科学环境观测与探察计划”（简称“喜马拉雅计划”）列为“十二五”国家防震减灾战略行动之一。“十二五”《地震科技规划》将“中国地震科学环境观测与探察计划”列入重大计划。在上述战略行动和重大计划中，“防震减灾关键技术突破”作为一个重要内容，其目的是解决防震减灾事业中所出现的技术问题，需要进行有关“数据汇集、处理和分析等技术及模式创新”。

迄今为止，还没有一个存储系统可以把所有的观测数据在线存储起来。而观测数据的长期在线存储，是用户快速、便利获取数据的前提条件。同样，我们也需要一种能够对观测数据长期在线存储与管理的技术规范。

造成这个结果的因素可能很多，但重要的原因之一是技术问题，地震台站数据中心的工作人员在工作中经常遇到的问题是：当数据量较小时（TB 的量级），可以使用数据库或者文件系统进行存储，随着数据量不断增大，再使用数据库或文件进行存储会造成存储以及查询效率低下等问题；而使用离线数据存储，也经常遇到存储介质损坏导致无法顺利存储的情况。

问题可归结为：在线集中数据库或者文件系统存储随着数据量的增大，访问速度会越来越慢，价格也越来越贵，直至操作起来困难重重。由于容错性、访问速度等情况，一般意义上的分布式数据库及分布式文件系统同样不容易被操作。另外，数据库扩容、文件系统的安全性、单点故障维护等问题也经常会困扰技术人员；离线存储的光盘、移动硬盘读不出的情况也时有发生。

近年来，云计算及相应的云存储技术发展迅速，为解决地震数据的长期在线存储提供了一个新的技术途径。

按照山东省地震局台网中心建设的要求，需对全省的历史地震波形数据进行在线存储、管理和查询分析服务。目前山东全省已经建成近百个地震监测台站。经初步测算，全省每年须提供不小于 90 TB 的原始数据存储量。

如此庞大的数据量使得现有的关系型数据库已经难以提供相应的数据存储、管理和处理能力。为此，需要考虑基于云平台的分布式海量数据存储和处理解决方案，采用云计算技术，构建能够对存储空间弹性扩展，具有高度存储安全性，具有数据管理、共享服务功能的地震数据云存储和管理实验平台。

11.2　数据表设计

地震数据涵盖测震、前兆、强震、信息等多种数据，以数据量最大的测震数据为例，其中基础信息表省略。

表设计主要参考了查询效率、存储空间等要求，如图 11-1 所示。

地震连续波形数据		
连续波形流水号	BIGINT	<pk>
测点编号	BIGINT	<fk2>
台站编号	BIGINT	<fk2>
通道编号	BIGINT	<fk1>
仪器编号	BIGINT	<fk1>
序列号	BIGINT	
采样率	INT	
采样数	STRING	
开始时间	STRING	
开始时间NS	STRING	
结束时间	STRING	
结束时间NS	STRING	
活动标志	STRING	
编码格式	STRING	
字序	STRING	
记录长度	BIGINT	
波形数据	STRING	

地震事件波形信息		
波形编号	BIGINT	<pk>
测点编号	BIGINT	<fk2>
台站编号	BIGINT	<fk2>
通道编号	BIGINT	<fk1>
仪器编号	BIGINT	<fk1>
事件编号	BIGINT	
序列号	BIGINT	
采样率	INT	
采样数	STRING	
开始时间	STRING	
开始时间NS	STRING	
结束时间	STRING	
结束时间NS	STRING	
活动标志	STRING	
编码格式	STRING	
字序	STRING	
记录长度	BIGINT	
波形数据	STRING	

图 11-1　地震连续波形数据表、地震事件波形信息

```
//地震连续波形数据表
CREATE TABLE WAVEFORM_DAT  (
    WAVE_SN               BIGINT,
    POINT_ID              BIGINT,
    STA_ID                BIGINT,
    CHAN_ID               BIGINT,
    INSTR_ID              BIGINT,
    SERIAL_NUMBER         BIGINT,
    SR                    INT,
    SR_NUMBER             STRING,
    START_TIME            STRING,
    START_TIME_NS         STRING,
    END_TIME              STRING,
    END_TIME_NS           STRING,
    ACTIVE_FLAG           STRING,
    ENCODE_FORMAT         STRING,
    WORD_ORDER            STRING,
    REC_LENGTH            BIGINT,
    WAVE_FORM             STRING
);
//地震事件波形信息表
CREATE TABLE WAVEFORM_EVENT  (
    WAVE_ID               BIGINT,
    POINT_ID              BIGINT,
    STA_ID                BIGINT,
    CHAN_ID               BIGINT,
    INSTR_ID              BIGINT,
    EVENT_ID              BIGINT,
    SERIAL_NUMBER         BIGINT,
    SR                    INT,
    SR_NUMBER             STRING,
    START_TIME            STRING,
    START_TIME_NS         STRING,
    END_TIME              STRING,
    END_TIME_NS           STRING,
    ACTIVE_FLAG           STRING,
    ENCODE_FORMAT         STRING,
```

```
    WORD_ORDER          STRING,
    REC_LENGTH          BIGINT,
    WAVE_FORM           STRING
);
```

地震连续波形数据表中连续波形流水号使用自增长序号，测点编号、台站编号、通道编号、仪器编号分别关联对应表主键。

地震事件波形数据表中波形编号使用自增长序号，测点编号、台站编号、通道编号、仪器编号、事件编号分别关联对应表主键。

11.3　查询语句设计与结果展现

地震连续行数据表主要存储连续波形数据，地震局相关工作人员需要根据数据描绘曲线图，因此查询语句需要做到多表关联。

```
DataCube > select P.POINT_NAME, S.STA_NAME,C.CHAN_NAME,I. INSTR_NAME,W.SR, W.SR_NUMBER, W.ACTIVE_FLAG, W.ENCODE_FORMAT, W.WORD_ORDER, W.REC_LENGTH, W.WAVE_FORM from WAVEFORM_DAT W join POINT_INF P on W.POINT_ID = P.POINT_ID join STA_INF S on W.STA_ID = S.STA_ID join CHAN_INF C on W.CHAN_ID=C.CHAN_ID join INSTR_INF I on W. INSTR_ID = I. INSTR_ID where W.START_TIME >=' 20140625142348' and W. END_TIME<=' 20140626142348';
```

查询命令分别对测点信息表、台站信息表、通道信息表、仪器信息表进行关联，获取它们的相应信息，并且按照开始时间为 2014 年 06 月 25 日 14:23:48，结束时间为 2014 年 06 月 26 日 14:23:48，总计 1 天的连续波形数据进行查询。查询结果如图 11-2 所示。

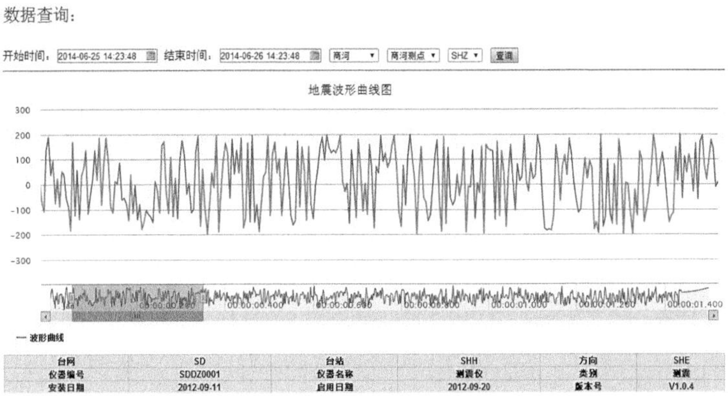

图 11-2　查询结果绘制曲线

|11.4 查询优化|

经过前几节的介绍，我们对地震波形数据的处理有了一定的了解。本节主要介绍一下查询方面的优化工作。为了提升系统的整体性能，还需要对系统进行优化。本章从存储和计算这两个方面介绍对本系统的优化工作。

11.4.1 存储方面的优化

存储方面的优化是指充分利用硬件条件，采用一些存储策略以减少在线工作在数据存取方面所花费的时间，从而缩减整个查询过程的总耗时。

本系统针对存储方面的优化工作主要包括以下两个方面。

① 将索引文件（INDEX_FILE）中的内容全部以 Hash 表的结构存储在内存中。

② 采用 Cache 策略，在内存中设置几个 Cache 块，将常用的几个子表文件直接保留在这些 Cache 块中。

11.4.2 计算方面的优化

计算方面主要优化目标是减少查询处理的计算量，以缩减查询过程的总耗时。本系统中查询处理的计算部分主要包括查询、多表关联、排序、绘制曲线图。

在优化前，每次查询时系统所返回的数据可能有几千万条，对这么多的数据条数进行制图工作耗时是相当多的，而且还有一定风险（内存溢出）。那么我们考虑通过两种手段来进行优化：一是优化表结构、关联表的模式，修改数据立方查询语句；二是前段页面改用拖动形式绘制曲线图，将数据切分分段展示，而不是原先的全部展示，这样耗时要少得多。

通过存储和计算优化后，本系统能在 4 s 内查询出高达 2 400 万条数据结果集，并在 6 s 内绘制相应的曲线图。相比原先的查询效率提升了 1 ~ 1.5 倍。

11.5　性能测试结果

11.5.1　单机模拟集群测试

测试环境：由 3 台服务器组成的数据立方系统，由一台机器单机测试 MySQL。

测试规模：50 万条记录，单线程、多线程测试。

测试结果见表 11-1 所列。

表 11-1　查询结果

		数据立方	MySQL
单线程	插入 100 条记录	135 ms / 134 ms	143 ms / 148 ms
	插入 1 000 条记录	542 ms / 644 ms	1 706 ms / 1 984 ms
	插入 10 000 条记录	6 384 ms/ 4 660 ms	14 560 ms/ 13 239 ms
	插入 100 000 条记录	23 495 ms /44 312 ms	104 142 ms /125 664 ms
	读取 500 000 条记录	419 ms / 517 ms	1 793 ms / 3 294 ms
100 线程	插入 100 条记录	3 817 ms / 1 725 ms / 2 234 ms	14 587 ms / 11 235 ms / 13 987 ms
	插入 1 000 条记录	19 087 ms / 31 221 ms / 17 567 ms	135 321 ms / 154 311 ms / 161 409 ms
	读取 500 000 左右的条记录	8 700 ms/ 11 768 ms	数据库连接超时
1 000 线程	插入 100 条记录	175 863 ms / 223 453 ms / 312 432 ms	16 435 ms / 11 233 ms / 12 239 ms
	读取 500 000 左右的条记录	532 ms	数据库连接超时

测试结论：数据立方在读写性能上超越 MySQL 性能数倍。

11.5.2　字段测试

测试目标：测试字段增长对性能的影响。

测试数据：建表时定义字段数量，每个字段写入 1 000 B 数据，读取 5 000 次，随机读取任意一列。

测试结果见表 11-2 和表 11-3。

表 11-2　单机集群

字段数量	10	100	500	1 000
建表时间 /s	3.2	7.7	23.4	超时
每秒写入	298	419	523	超时
每秒读取	122	139	176	超时

表 11-3　5 机器集群

字段数量	10	100	500	1 000
建表时间 /s	3.1	8.4	31.4	超时
每秒写入	376	565	879	超时
每秒读取	154	189	231	超时

测试结论：数据立方对大字段的建表支持不好，字段过多会影响建表速度，而写入速度在多机集群时提高较快。

11.5.3　排序测试

测试目标：数据立方的行排序是根据主键排序，测试动态或者反序插入时候的性能。

测试数据：动态生成字母数据，zzzzz-aaaaa，并随机插入。

测试结果见表 11-4 和表 11-5。

表 11-4　单机集群（单位：行 / 秒）

写入行	10 000	100 000	1 000 000
顺序	688	635	537
反序	654	680	614
随机	665	624	593

表 11-5 5 机器集群（单位：行 / 秒）

写入行	10 000	100 000	1 000 000
顺序	681	643	547
反序	725	582	544
随机	661	643	571

测试结论：数据立方写入数量和顺序对速度影响并不大，只是 CPU 占用的不同，主要瓶颈还是在网络传输速度上。

11.5.4 随机读写测试

测试目标：测试表下的读取性能。

测试数据：在一定规模的表中随机读取 5 000 条记录的时间。

测试结果见表 11-6 和表 11-7。

表 11-6 单机集群（单位：行 / 秒）

规模 / 行	10 000	100 000	1 000 000
读取	74	21	3

表 11-7 5 机器集群（单位：行 / 秒）

规模 / 行	10 000	100 000	1 000 000
读取	62	27	18

测试结论：数据立方的读取速度随着表规模的增加而降低，集群模式下面读取表现比较优秀。

附录

大数据和人工智能实验环境

目前，大数据和人工智能技术和应用呈现突飞猛进的态势，但人才储备出现了全球性短缺，人才的争夺处于“白热化”状态。而相关课程教学与实验研究受条件所限，仍然面临未建立起实验教学体系、无法让学生并行开展实验、缺乏支撑实验的大数据、缺乏能够指导学生开展实验的师资力量等问题，制约了大数据和人工智能教学科研的开展。如今这些问题已经得到较好解决：大数据实验平台 1.0 用于个人自学大数据远程做实验；大数据实验一体机受到各大高校青睐，用于构建各大学自己的大数据实验教学平台，使得大量学生可同时进行大数据实验；AIRack 人工智能实验平台支持众多师生同时在线进行人工智能实验；DeepRack 深度学习一体机能够给高校和科研机构构建一个开箱即用的人工智能科研环境；dServer 人工智能服务器可直接用于小规模 AI 研究，或搭建 AI 科研集群。

1. **大数据实验平台** 1.0

大数据实验平台可为用户提供在线实验服务。在大数据实验平台上，用户可以根据学习基础以及时间条件，灵活安排 3 ~ 90 天的学习计划，进行自主学习。大数据实验平台 1.0 界面如附图 1 所示。

作为一站式的大数据综合实训平台，大数据实验平台同步提供实验环境、实验课程、教学视频等，方便轻松开展大数据教学与实验。

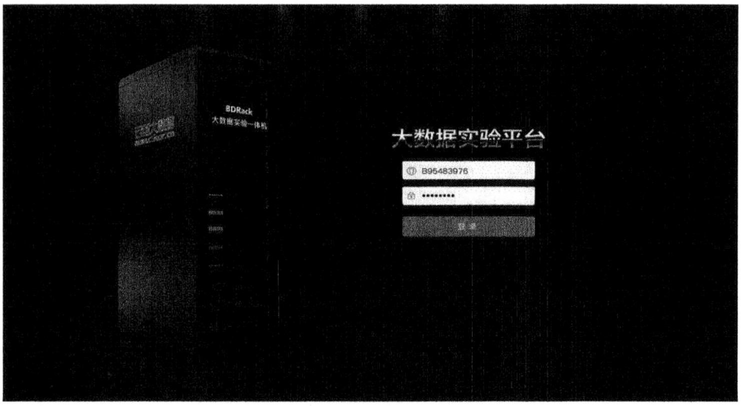

附图 1　大数据实验平台 1.0 界面

（1）实验体系

实验内容涵盖 Hadoop 生态、大数据实战原理验证、综合应用、自主设计及创新的多层次实验内容等，每个实验呈现详细的实验目的、实验内容、实验原理和实验流程指导。实验课程包括 36 个 Hadoop 生态大数据实验和 6 个真实大数据实战项目。

（2）实验环境

• 基于 Docker 容器技术，用户可以瞬间创建随时运行的实验环境。

• 平台能够虚拟出大量实验集群，方便上百用户同时使用。

• 采用 Kubernates 容器编排架构管理集群，用户实验集群隔离、互不干扰。

• 用户可按需自己配置包含 Hadoop、HBase、Hive、Spark、Storm 等组件的集群，或利用平台提供的一键搭建集群功能快速搭建。

• 平台内置数据挖掘等教学实验数据，也可导入高校各学科数据进行教学、科研，校外培训机构同样适用。

（3）成功案例

自 2016 年末至今，在南京多次举办的大数据师资培训班上，基于《大数据》《大数据实验手册》以及云创大数据提供的大数据实验平台，帮助到场老师们跑通了 Hadoop、Spark 等多个大数据实验，使他们跨过了“从理论到实践，从知道到用过”的门槛。大数据师资培训班现场如附图 2 所示。

目前，大数据实验平台 1.0 版本已经在郑州大学、成都理工大学、金陵科技学院、天津农学院、郑州升达经贸管理学院、信阳师范学院、西京学院、镇江高等职业技术学校、新疆电信、软通动力等典型用户单位落地实施，助其完成了大数据教学科研实验室的建设工作。

附图 2 大数据师资培训班现场

2. **大数据实验一体机**

继 35 所院校获批“数据科学与大数据技术”专业之后，2017 年申请该专业的院校高达 263 所。各大高校竞相打造大数据人才高地，但实用型大数据人才培养却面临实验集群不足、实验内容不成体系、课程教材缺失、考试系统不客观、缺少实训项目以及专业师资不足等问题。针对以上问题，BDRack 大数据实验一体机能够帮助高校建设私有的实验环境。其部署规划如附图 3 所示。

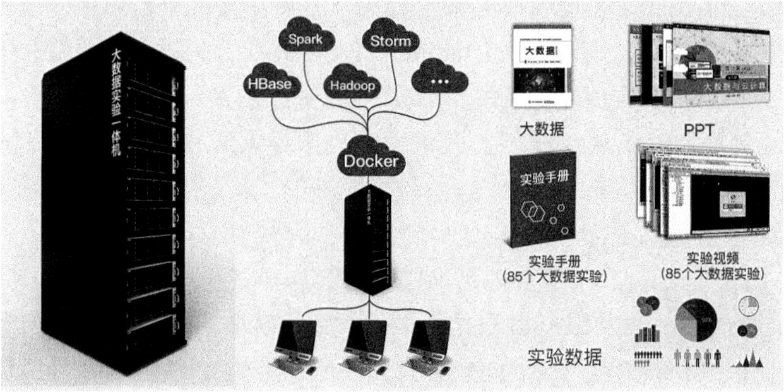

附图 3　BDRack 大数据实验一体机部署规划

在搭建好的实验环境后，一方面通过大数据教材、讲义 PPT、视频课程等理论学习，帮助学生建立从大数据监测与收集、存储与处理、分析与挖掘直至大数据创新的完整知识体系；另一方面，搭配教学组件安装包及实验数据、实验手册、专业网站等一系列资源，大幅度降低高校大数据课程的学习门槛。

（1）最新的 2.0 版本实验体系

在大数据实验一体机 1.0 版本的基础上，2017 年 12 月推出了 2.0 版本，进一步丰富了实验内容，实验数量新增到 85 个，同时实验平台优化了从创建环境—实验操作—提交报告—教师打分的实验流程，新增了具有海量题库、试卷生成、在线考试、辅助评分等应用的考试系统，集成了上传数据—指定列表—选择算法—数据展示的数据挖掘及可视化工具。

平台集实验机器、实验手册、实验数据以及实验培训于一体，解决怎么开设大数据实验课程、需要做什么实验、怎么完成实验等一系列根本问题，提供了完整的大数据实验体系及配套资源，包含大数据教材、教学 PPT、实验手册、课程视频、实验环境、师资培训等内容，涵盖面较为广泛。

- 实验手册

针对各项实验所需，大数据实验一体机配套了一系列包括实验目的、实验内容、实验步骤的实验手册及配套高清视频课程，内容涵盖大数据集群环境与大数据核心组件等技术前沿，详尽细致的实验操作流程可帮助用户解决大数据实验门槛所限。实验课程包括 36 个 Hadoop 生态大数据实验、6 个真实大数据实战项目、21 个基于 Python 的大数据实验、18 个基于 R 语言的大数据实验、4 个 Linux 基本操作辅助实验。

• 实验数据

基于大数据实验需求，大数据实验一体机配套提供了各种实验数据，其中不仅包含共用的公有数据，每一套大数据组件也有自己的实验数据，种类丰富，应用性强。实验数据将做打包处理，不同的实验将搭配不同的数据与实验工具，解决实验数据短缺的困扰，在实验环境与实验手册的基础上，做到有设备就能实验，有数据就会实验。

• 配套资料与培训服务

作为一套完整的大数据实验平台，BDRack 大数据实验一体机还将提供以下材料与配套培训，构建高效的一站式教学服务体系。

① 配套的专业书籍：《大数据》及其配套 PPT。

② 网站资源：中国大数据、中国云计算、中国存储、中国物联网、中国智慧城市等提供全线支持。

BDRack 大数据实验一体机使用培训和现场服务。

（2）实验环境

• 系统架构

BDRack 大数据实验一体机主要采用容器集群技术搭建实验平台，并针对大数据实验的需求提供了完善的使用环境。附图 4 为 BDRack 大数据实验一体机系统架构。

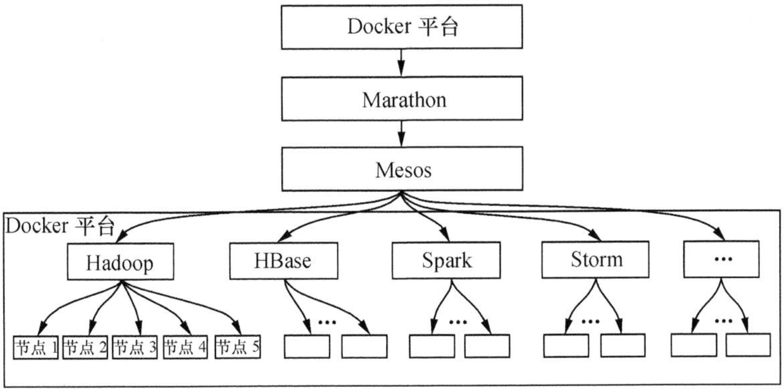

附图 4　BDRack 大数据实验一体机系统架构

基于容器 Docker 技术，采用 Mesos+ZooKeeper+Mrathon 架构管理 Docker 集群。其中，Mesos 是 Apache 下的开源分布式资源管理框架，它被称为是分布式系统的内核；ZooKeeper 用来做主节点的容错和数据同步；Marathon 则是一个 Mesos 框架，为部署提供 REST API 服务，实现服务发现等功能。

实验时，系统预先针对大数据实验内容构建好一系列基于 CentOS7 的特定容器镜像，通过 Docker 在集群主机内构建容器，充分利用容器资源利用高效的特点，为每个使用平台的用户开辟属于自己完全隔离的实验环境。针对容器内部，用户完全可以像使用 Linux 操作系统一样的使用容器，并且不会被其他用户的集群造成任何影响，只需几台机器，就可能虚拟出能够支持上百个用户同时使用的隔离集群环境。

• 规格参数

BDRack 大数据实验一体机具有经济型、标准型与增强型 3 种规格，通过发挥实验设备、理论教材、实验手册等资源的合力，可满足数据存储、挖掘、管理、计算等多样化的教学科研需求。具体的规格参数见附表 1 所列。

附表 1　规格参数

	经济型	标准型	增强型
管理节点	1 台	3 台	3 台
处理节点	6 台	8 台	15 台
上机人数	30 人	60 人	150 人
理论教材	《大数据》50 本	《大数据》80 本	《大数据》180 本
实验教材	《实战手册》PDF 版	《实战手册》PDF 版	《实战手册》PDF 版
配套 PPT	有	有	有
配套视频	有	有	有
免费培训	提供现场实施及 3 天技术培训服务	提供现场实施及 5 天技术培训服务	提供现场实施及 7 天技术培训服务

• 软件方面

搭载 Docker 容器云可实现 Hadoop、HBase、Ambari、HDFS、YARN、MapReduce、ZooKeeper、Spark、Storm、Hive、Pig、Oozie、Mahout、Python、R 语言等绝大部分大数据实验应用。

• 硬件方面

采用 cServer 机架式服务器，其英特尔 ® 至强 ® 处理器 E5 产品家族的性能比上一代提升多至 80%，并具备更出色的能源效率。通过英特尔 E5 家族系列 CPU 及英特尔服务器组件，可满足扩展 I/O 灵活度、最大化内存容量、大容量存储和冗余计算等需求。

（3）成功案例

BDRack 大数据实验一体机已经成功应用于各类院校，国家“双一流”重点建设高校代表有郑州大学等，民办院校有西京学院等，如附图 5 所示。

附图 5　BDRack 大数据实验一体机实际部署

同时，整套大数据教材的全部实验都可在大数据实验平台上远程开展，也可在高校部署的 BDRack 大数据实验一体机上本地开展。

3. AIRack 人工智能实验平台

人工智能人才紧缺，供需比仅为 1:10，但面向众多学生的人工智能实验却难以展开。对此，AIRack 人工智能实验平台提供了基于 Docker 容器集群技术开发的多人在线实验环境。平台基于深度学习计算集群，支持了主流深度学习框架，方便快速部署实验环境，同时支持多人在线实验，并配套实验手册，同步解决人工智能实验配置难度大、实验入门难、缺乏实验数据等难题，可用于深度学习模型训练等教学、实践应用。其界面如附图 6 所示。

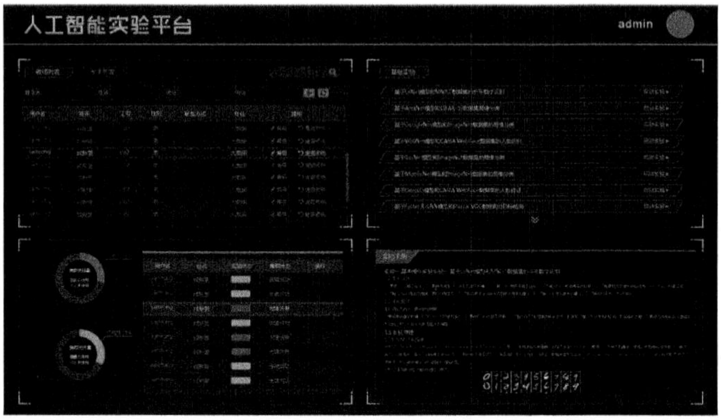

附图 6　AIRack 人工智能实验平台界面

（1）实验体系

人工智能实验平台从实验环境、教材 PPT、实验手册、实验数据、技术支持等多方面为人工智能课程提供一站式服务，大幅度降低人工智能课程学习门槛，满足课程设计、课程上机实验、实习实训、科研训练等多方面需求。其实验体系架构如附图 7 所示。

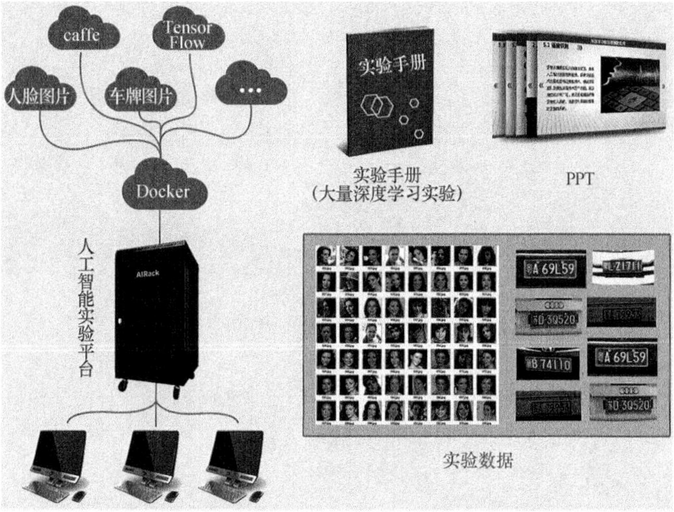

附图 7　AIRack 人工智能实验平台实验体系架构

配套实验手册包括 20 个人工智能相关实验，实验基于 VGGNet、FCN、ResNet 等图像分类模型，应用 Faster R-CNN、YOLO 等优秀检测框架，实现分类、识别、检测、语义分割、序列预测等人工智能任务。具体的实验手册大纲见附表 2 所列。

附表 2　实验手册大纲

序号	课程名称	课程内容说明	课时	培训对象
1	基于 LeNet 模型和 MNIST 数据集的手写数字识别	理论 + 上机训练	1.5	教师、学生
2	基于 AlexNet 模型和 CIFAR-10 数据集图像分类	理论 + 上机训练	1.5	教师、学生
3	基于 GoogleNet 模型和 ImageNet 数据集的图像分类	理论 + 上机训练	1.5	教师、学生
4	基于 VGGNet 模型和 CASIA WebFace 数据集的人脸识别	理论 + 上机训练	1.5	教师、学生
5	基于 ResNet 模型和 ImageNet 数据集的图像分类	理论 + 上机训练	1.5	教师、学生
6	基于 MobileNet 模型和 ImageNet 数据集的图像分类	理论 + 上机训练	1.5	教师、学生
7	基于 DeepID 模型和 CASIA WebFace 数据集的人脸验证	理论 + 上机训练	1.5	教师、学生
8	基于 Faster R-CNN 模型和 Pascal VOC 数据集的目标检测	理论 + 上机训练	1.5	教师、学生
9	基于 FCN 模型和 Sift Flow 数据集的图像语义分割	理论 + 上机训练	1.5	教师、学生
10	基于 R-FCN 模型的行人检测	理论 + 上机训练	1.5	教师、学生
11	基于 YOLO 模型和 COCO 数据集的目标检测	理论 + 上机训练	1.5	教师、学生
12	基于 SSD 模型和 ImageNet 数据集的目标检测	理论 + 上机训练	1.5	教师、学生
13	基于 YOLO2 模型和 Pascal VOC 数据集的目标检测	理论 + 上机训练	1.5	教师、学生
14	基于 linear regression 的房价预测	理论 + 上机训练	1.5	教师、学生
15	基于 CNN 模型的鸢尾花品种识别	理论 + 上机训练	1.5	教师、学生
16	基于 RNN 模型的时序预测	理论 + 上机训练	1.5	教师、学生
17	基于 LSTM 模型的文字生成	理论 + 上机训练	1.5	教师、学生
18	基于 LSTM 模型的英法翻译	理论 + 上机训练	1.5	教师、学生
19	基于 CNN Neural Style 模型绘画风格迁移	理论 + 上机训练	1.5	教师、学生
20	基于 CNN 模型灰色图片着色	理论 + 上机训练	1.5	教师、学生

同时，平台同步提供实验代码以及 MNIST、CIFAR-10、ImageNet、CASIA WebFace、Pascal VOC、Sift Flow、COCO 等训练数据集，实验数据做打包处理，以便开展便捷、可靠的人工智能和深度学习应用。

（2）平台架构

AIRack 人工智能实验平台整体设计基于 Docker 容器技术，在硬件上采用 GPU+CPU 混合架构，可一键创建实验环境。平台采用 Google 开源的容器集群管理系统 Kubernetes，能够方便地管理跨机器运行容器化的应用，提供应用部署、维护、扩展机制等功能。

实验时，系统预先针对人工智能实验内容构建好基于 CentOS7 的特定容器镜像，通过 Docker 在集群主机内构建容器，开辟完全隔离的实验环境，实现使用几台机器即可虚拟出大量实验集群以满足学校实验室的使用需求。其平台架构如附图 8 所示。

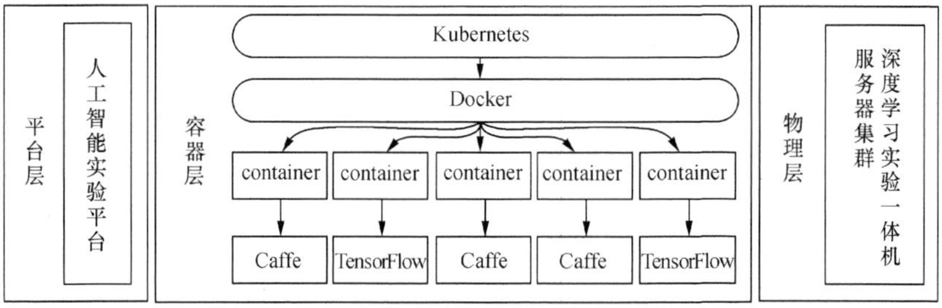

附图 8　AIRack 人工智能实验平台架构

（3）规格参数

AIRack 人工智能实验平台硬件配置见附表 3 所列。

附表 3　AIRack 人工智能实验平台硬件配置

产品型号	详细配置	单位	数量
CPU	E5-2650V4	颗	2
内存	32GB DDR4 RECC	根	8
SSD	480GB SSD	块	1
硬盘	4TB SATA	块	4
GPU	1080P(型号可选)	块	8

AIRack 人工智能实验平台集群配置见附表 4 所列。

附表 4　AIRack 人工智能实验平台集群配置

	极简型	经济型	标准型	增强型
上机人数	8 人	24 人	48 人	72 人
服务器	1 台	3 台	6 台	9 台
交换机	无	S5720-30C-SI	S5720-30C-SI	S5720-30C-SI
CPU	E5-2650V4	E5-2650V4	E5-2650V4	E5-2650V4
GPU	1080P（型号可选）	1080P（型号可选）	1080P（型号可选）	1080P（型号可选）
内存	8×32 GB DDR4 RECC	24×32 GB DDR4 RECC	48×32 GB DDR4 RECC	72×32 GB DDR4 RECC
SSD	1×480 GB SSD	3×480 GB SSD	6×480 GB SSD	9×480 GB SSD
硬盘	4×4 TB SATA	12×4 TB SATA	24×4 TB SATA	36×4 TB SATA

4. DeepRack 深度学习一体机

近年来，深度学习在语音识别、计算机视觉、图像分类和自然语言处理等方面成绩斐然，越来越多的人开始关注深度学习，全国各大高校也相继开启深度学习相关课程，但是深度学习实验环境的搭建较为复杂，训练所需要的硬件环境也不是普通的台式机和服务器可以满足的。因此，云创大数据推出了 DeepRack 深度学习一体机，解决了深度学习研究环境搭建耗时、硬件条件要求高的问题。

凭借过硬的硬件配置，深度学习一体机能够提供最大每秒 144 万亿次的单精度计算能力，满配时相当于 160 台服务器的计算能力。考虑到实际使用中长时间大规模的运算需要，一体机内部采用了专业的散热、能耗设计，解决了用户对于机器负荷方面的忧虑。

一体机中部署有 TensorFlow、Caffe 等主流的深度学习开源框架，并提供大量免费图片数据，可帮助学生学习诸如图像识别、语音识别和语言翻译等任务。利用一体机中的基础训练数据，包括 MNIST、CIFAR-10、ImageNet 等图像数据集，也可以满足实验与模型塑造过程中的训练数据需求。

（1）硬件配置

DeepRack 深度学习一体机包含 24U 半高机柜，最多可配置 4 台 4U 高性能计算节点；每台节点 CPU 选用最新的英特尔 E5-2600 系列至强处理器；每台节点最多可插入 4 块英伟达 GPU 卡，可选配 Titan X、Tesla P100 等 GPU 卡。深度学习一体机外观如附图 9 所示，服务器内部如附图 10 所示。

附图 9　深度学习一体机外观

附图 10　深度学习一体机服务器内部

根据附表 5 所列的服务器配置参数，可以根据需要灵活配置深度学习一体机的各个部件。

附表 5　服务器配置参数

	经济型	标准型	增强型
CPU	Dual E5-2620 V4	Dual E5-2650 V4	Dual E5-2697 V4
GPU	Nvidia Titan X ×4	Nvidia Tesla P100×4	Nvidia Tesla P100×4
硬盘	240GB SSD+4T 企业盘	480 GB SSD+4T 企业盘	800 GB SSD+4T×7 企业盘
内存	64 GB	128 GB	256 GB
计算节点数	2	3	4
单精度浮点计算性能	88 万亿次 / 秒	108 万亿次 / 秒	144 万亿次 / 秒
系统软件	Caffe、TensorFlow 深度学习软件、样例程序，大量免费图片数据		
是否支持分布式深度学习系统	是		

（2）软件配置

DeepRack 深度学习一体机软件配置包括操作系统及 GPU 驱动及开发包。

操作系统：CentOS 7.1。

GPU驱动及开发包：包括Nvidia GPU驱动、CUDA 7.5 Toolkit、cuDNN v4等，配套的使用手册中详细介绍了各个驱动的安装过程，以及环境变量的配置方法。

深度学习框架：深度学习实验一体机中部署了主流的深度学习开源工具软件，解决了因缺乏经验造成实验环境部署难的问题；除此之外，深度学习实验一体机还提供大量免费图片数据，让学生不需要为收集大量实验数据而苦恼。拥有现成的框架和数据，学生可根据使用手册快速搭建属于自己的深度学习应用。

深度学习一体机中安装了 Caffe 框架。Caffe 是一个清晰、高效的深度学习计算 CNN 相关算法的框架，学生可以利用一体机中提供的数据进行实验，使用手册上也详细介绍了 Caffe 的两个使用案例——MNIST 和 Cifar-10，初识深度学习的学生可以按照步骤，熟悉 Caffe 下训练模型的流程。

深度学习一体机中搭建了 TensorFlow 的环境，TensorFlow 可被用于语音识别或图像识别等多项机器深度学习领域，学生可通过使用手册了解具体的安装过程以及单机单卡、单机多卡的使用案例。

5. dServer 人工智能服务器

人工智能研究方兴未艾，但构建高性价比的硬件平台是一大难题，急需高性能、点菜式的解决方案。dServer 人工智能服务器针对个性化的 AI 应用需求，采用英特尔 CPU+ 英伟达 GPU 的混合架构，提供多类型的软 / 硬件备选方案，方便自由选配及定制安全可靠的个性化应用，可广泛用于图像识别、语音识别和语言翻译等 AI 领域。dServer 人工智能服务器如附图 11 所示。

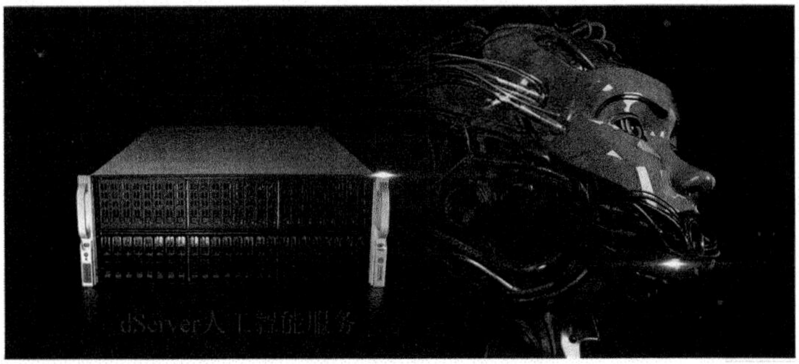

附图 11　dServer 人工智能服务器

（1）主流软件和丰富数据

dSever 人工智能服务器预装 CentOS 操作系统，集成两套行业主流开源工具软件——TensorFlow 和 Caffe，同时提供丰富的应用数据。

TensorFlow 支持 CNN、RNN 和 LSTM 算法，这是目前在 Image、Speech 和 NLP 流行的深度神经网络模型，灵活的架构可以在多种平台上展开计算。

Caffe 是纯粹的 C++/CUDA 架构，支持命令行、Python 和 MATLAB 接口，可以在 CPU 和 GPU64 直接无缝切换。

同时，dSever 人工智能服务器配套提供了 MNIST、CIFAR-10 等训练测试数据，包括大量的人脸数据、车牌数据等。

（2）服务器配置

dServer 人工智能服务器配置见附表 6 所列。

附表 6　服务器配置参数

GPU（NVIDIA）	Tesla P100，Tesla P4，Tesla P40，Tesla K80，Tesla M40，Tesla M10，Tesla M60，TITAN X，GeForce GTX 1080
CPU	Dual E5-2620 V4，Dual E5-2650 V4，Dual E5-2697 V4
内存	64 GB/128 GB/256 GB
系统盘	120 GB SSD/180 GB SSD /240 GB SSD
数据盘	2 TB/3 TB/4 TB
准系统	7048GR-TR
软件	TensorFlow,Caffe
数据（张）	车牌图片（100 万 /200 万 /500 万），ImageNet（100 万），人脸图片数据（50 万），环保数据

（3）成功案例

目前，dServer 人工智能服务器已经在清华大学车联网数据云平台、西安科技大学大数据深度学习平台、湖北文理学院大数据处理与分析平台等项目中成功应用，之后将陆续部署使用。其中，清华大学车联网数据云平台项目配置如附图 12 所示。

清華大学
Tsinghua University

名称	深度学习服务器
生产厂家	南京云创大数据科技股份有限公司
主要规格	cServer C1408G
配置说明	CPU：2*E5-2630v4　GPU：4*NVIDIA TITAN X　内存：4*16G (64G) DDR4,2133MHz，RECC
	硬盘：5* 2.5"300GB 10K SAS（企业级）　网口：4个10/100/1000Mb自适应以太网口
	电源：2000W 1+1冗余电源　计算性能：单个节点单精度浮点计算性能为44万亿次/秒
	预装Caffe、TensorFlow深度学习软件、样例程序；提供MNIST、CIFAR-10等训练测试数据，提供交通卡口图片数据不少于400万张，环境在线数据不少于6亿条

附图 12　清华大学车联网数据云平台项目配置

名词索引